# 지구 생활자를 위한
# 핵, 바이러스, 탄소 이야기

## 지구 생활자를 위한 핵, 바이러스, 탄소 이야기

초판 1쇄 발행 2022년 3월 20일

글쓴이 김경태, 김추령  편집 김정민  본문 삽화 이지현  디자인 구민재page9
펴낸곳 도서출판 단비  펴낸이 김준연  등록 2003년 3월 24일(제2012-000149호)
주소 경기도 고양시 일산서구 고양대로 724-17, 304동 2503호(일산동, 산들마을)
전화 02-322-0268  팩스 02-322-0271  전자우편 rainwelcome@hanmail.net

ⓒ김경태·김추령, 2021
ISBN 979-11-6350-059-9 03400  값 13,000원

# 지구 생활자를 위한
# 핵, 바이러스, 탄소 이야기

김경태 · 김추령 지음

두 해를 꾹꾹 채우며 코로나 바이러스 대유행을 겪어내고 있어요. 이게 끝나도 새로운 바이러스 감염병은 더 잦아질 거래요. 후쿠시마 원전 사고는 여전히 현재 진행형이고, 우리 사회는 원전이냐 탈원전이냐의 논쟁을 반복하고 있어요. 기후 위기는 각종 기상 재앙과 그 피해로 모습이 드러나고 있는데, 탄소중립까지의 길은 잘 보이지가 않아요.

2017년 초판을 발행할 때에는 멸망을 말해도 그 이면 곳곳에서 희망을 찾아볼 수 있었어요. 그런데 5년의 시간이 흐른 지금은, 예전처럼 희망을 낙관하기가 쉬워 보이지 않네요. 멸망이 아니라 희망의 근거가 그 어느 때보다도 절실히 필요해 보여요.

그래서 2017년 이후 급격한 변화를 담아 보완하고 제목을 바꾸어 개정 증보판을 내었습니다. 우리의 책을 읽는 독자들에게 희망의 책임을 다하기 위해서요.

핵, 바이러스, 탄소는 각자 다른 이야기를 하는 것 같지만 서로 연결되어 있어요. 이 지구의 활동은 에너지의 흐름과 물질의 순환이 맞물려 있어요. 우리 인간은 점점 더 많은 에너지와 물질을 써 오고 있죠. 에너지의 흐름과 물질의 순환에 변화가 생겼고, 그 변화는 균형을 깨뜨려 결과적으로 핵, 바이러스, 탄소에 달라진 속도를 가져왔어요. 핵, 바이러스, 탄소 이야기에 귀 기울여 주세요. 여러분의 생각이 위기의 오늘에만 머무르지 않기를 바랍니다. 어제의 선택이 위기의 오늘로 연결된 것처럼, 오늘의 선택이 희망의 내일로 지구 생활자들을 이끌어줄 거예요. 연약한 지구 위에서 함께 살아가는 대기, 강과 바다 그리고 땅, 식물과 보이지 않는 생명들, 인간을 제외한 동물, 인간 등. 지구 안에 연결되어 있는 모든 지구 생활자들을 위해 '균형'을 조금씩 잡아 보자고요. 모두 잘 알죠? 균형을 잡을 때는 조금씩은 휘청거려요. 어떻게 균형을 잡아가야 할지 이 책이 조금이나마 보탬이 되기를 바랍니다. 지구 생활자들을 위한 희망의 내일을 함께 만들어갈 우리 모두에게 힘찬 응원을 보내봅니다.

개정 증보판을 내는 부담에도 요구를 흔쾌히 들어주신 단비출판사에게 고마움을 전합니다.

— 김경태, 김추령

5

책장을 넘기고 있는 여러분의 손가락 끝을 가만히 한번 보세요. 아무 일도 없다고요? 물론 아무 변화가 없는 것처럼 보일 거예요. 겉으로는 그래요. 하지만 지금 이 순간에도 오래된 피부는 각질이 되어 떨어져 나가고 있습니다. 그리고 그 아래에는 새로 만들어진 피부세포들이 그 자리를 채우고 있고요. 또 그 아래에는 피부세포들에 필요한 재료들이 모이고 움직이고 있지요. 피부세포들이 만들어지는 속도가 빠르지도 않고 느리지도 않게 이루어지기 때문에 우리 손가락의 모양은 유지가 됩니다. 우리를 비롯한 모든 생명체는 겉모습을 유지하기 위해 수많은 과정이 평형을 이루고 있습니다. 이것을 조금 어려운 말로 "동적평형"이라고 합니다. 우리 눈에 보이는 세계는 변화가 없는데 보이지 않는 세계는 온갖 분자들이 복잡한 반응을 일으키고 있는 상태이지요.

　울창한 숲을 떠올려 보세요. 겉으로는 정말 평화로워 보이지만 온갖 나무와 풀이 서로 햇빛을 많이 받기 위해 줄기를 만들고 가지와 잎을 뻗치고 있답니다. 물을 얻기 위해 땅 속 깊은 곳으로 뿌리를 내리기도 하고요. 줄기와 가지, 그리고 뿌리는 서로 엉키기도 합니다. 부딪히고 엉키면서 서로 돕기도 하고 경쟁하기도 합니다. 말라죽는 나무와 풀도 생기죠. 나무와 풀을 먹는 초식동물들도 있습니다. 초식동물을 먹는 육식동물도 있을 것이고요. 시간이 지나면 나무와 풀, 동물들은 죽고 새로운 자손들이 그 자리를 차지하겠지만, 숲의 모습이 변하지 않아요. 동적평형은 하나의 생명체 안에서만 일어나는 것이라고만 볼 수는 없습니다. 이 지구 안에서 생명체와 생명체가, 또는 생명체와 환경을 연결하는 여러 과정이 평형을 이루고 있지요. 우주에서 바라본 지구는 큰 변화가 없이 매우 고요해 보이지만, 우주에서는 보이지 않는, 다 셀 수 없는 수많은 과정이 이 지구의 생명을 유지하고 있습니다. 지구도 하나의 거대한 생명체로 볼 수 있는 이유입니다. 우리 모두는 지구라는 생명체의 일부입니다. 다른 생물들과 우리를 둘러싼 모든 환경들도요.

　핵! 바이러스! 탄소!

　전혀 연관성 없어 보이는 세 녀석은 매우 '작은 것'들입니다. 너무나 작아서 맨눈으로는 볼 수가 없지요. 안 보이다 보니 공기처럼 존재감이 거의 없었습니다. 인류가 등장하기 전부터 이 지구에 존재했지요. 이 '작은 것'들도 지구의 일부로 지구의 동적평형에 일조해 왔습니다. 그런데 지금, 이 '작은 것'들이 인간을 멸망시킬 수 있는 주인공들로 자주 이름이 거론되고 있습니다. 흥미롭게도 이 '작은 것'들에게 인간을 위협할 수 있는 존재감을 불어넣어 준 것은 바로 인간의 과학과 문명이었습니다. 인간을 위협하는 정도에서 그치면 그나마 다행일지 모르겠지만 지구까지 위협하고 있어 큰 걱정입니다.

인간은 과학 지식이 늘어나면서 자연에 대해 많은 것을 알게 되고 설명할 수 있게 되었습니다. 새로운 걸 알아가는 건 정말 신나는 일입니다. 과학 지식이 증가하면서 기술도 발달하게 되었지요. 덕분에 우리는 일상이 편리해지고 풍성해졌지요. 이 글을 읽고 있는 여러분이나 저도 그것을 즐겁게 누리고 있습니다. 우리 중 누구도 내 손에 들어온 이 편리함과 풍성함을 내려놓고 싶지는 않을 겁니다. 그런데 말입니다. 우리의 기술과 문명이 핵, 바이러스, 탄소와 관련된 지구의 동적평형에 심각한 영향을 주고 있습니다.

수많은 과정이 평형을 이루는 것은 결국은 '속도의 균형'입니다. 인간은 단지 생존의 안정과 편리를 위해 조금 욕심을 부렸습니다. 자연의 속도를 앞지른 문명의 속도를 만들어낸 것이 정말 욕심을 부린 것인지 이 책을 따라가며 함께 곰곰이 생각해 봤으면 좋겠습니다. '우리의 기술과 문명이 핵 반응의 속도, 바이러스에 대한 적응의 속도, 탄소 순환의 속도에 어떤 변화를 줬을까?', '지구의 동적평형에는 어떤 변화가 일어났을까?', '인류는 진짜 멸망하게 될까?', '이 변화는 되돌릴 수 있을까?' 등등 이 책을 통해 여러분이 다양한 의문을 던지고 답을 얻는다면 저희는 더할 수 없이 즐거울 겁니다. 무엇보다 이 책이 지구라는 공동체의 일부로서 지구와 오래도록 공존할 수 있는 길을 찾아나서는 우리의 여정에 작은 이정표가 되길 희망해 봅니다

— 김경태, 김추령

차례

 **1장 핵**

1장

# 핵

후쿠시마 사고 원전 부지 내에 보관 중이던 방사능 오염수가 2023년이면 태평양 바다에 버려진다고 해요.

전쟁 통에 핵폭탄으로 모습을 드러내었던 원자력, 종전 후 의료, 농업 그리고 발전소로 평화의 모습으로 얼굴을 바꾸었던 원자력은 다시 수습이 불가능한 사고로 이어졌어요.

그리고 원자력을 찬성하는 사람들과 반대하는 사람들의 화해할 수 없을 것 같은 논쟁이 끝없이 이어지고 있어요.

원자력이란 기술은 도저히 인류와는 평화로운 공존이 불가능한 것일까요?

01

# 후쿠시마 원전 사고,
## 24시간의 기록

2011년 3월 11일,

일본 지진 관측 사상 가장 강력한 진도 9의 강진이

일본 동북부 해안을 강타했습니다. 문제는 그 다음이었습니다.

바다에서 밀어닥친 높이 10m가 넘는 쓰나미가

후쿠시마 제1원자력 발전소를 덮쳐 디젤 발전기가 침수되고

전력이 완전히 끊기는 사고가 일어납니다.

전력이 끊어졌다는 건 원자로의 열을

더 이상 조절할 수 없다는 것을 의미했습니다.

결국 열을 식히지 못한 원자로는 부글부글 끓게 되고,

후쿠시마 원전은 최악의 원자력 사고를 맞게 되는데…….

3월 11일,

진도9의 지진이 동일본을 강타하다.

평화로운 오후였다. 테라시마와 코쿠보 주임이 점심을 먹고 나와 서로 옥신각신하며 농담을 주고 받고 있었다.

"어이, 테라시마, 어제 만난 아가씨 어땠나?"

"아, 네, 뭐 그냥 그렇지요."

"자네는 그게 문제야. 눈이 그렇게 높아서야 어디 총각 딱지나 뗄 수 있겠어!"

"하지만 코쿠보 주임님, 사십이 넘어서 장가 가신 주임님만큼이야 높겠어요! 전 안 그렇다고요!"

"에라잇, 이 친구 보게. 나이든 사람을 놀려 먹어도 되는 게야!"

하청업체 직원이던 이들은 도쿄 제1전력 후쿠시마 원전 4호기를 점검하기 위해 오후 교대조로 배치되어 있었다. 이들이 격납창고의 문을 막 열려는 순간이었다. 갑자기 발밑의 땅이 흔들리고 격납창고 건물이 심하게 움직였다. 지진이다! 누가 먼저랄 것 없이 비명을 지르며 머리를 감싸 쥐고 땅에 웅크렸다. 땅이 흔들리는 정도나 격납고 건물의 흔들림으로 보아 여느 때 지진하고는 달랐다.

---

이 글은 2011년 3월 11일 일본 후쿠시마 원자력 발전소 사고 당시 원전 전원 긴급 복구를 위해 후쿠시마 원전 내 터빈 건물로 내려갔다가 거대한 해일에 희생 당한 코쿠보 카즈히코(42세), 테라시마 요시키(21세) 두 분을 추모하며 그분들의 이름을 빌려서 작성하였음을 밝힙니다.

불길한 생각이 들었다. 하필이면 원자로 부근에서 지진을 만날 게 뭐람. 지진이 무사히 지나간다고 해도 원자로에서 방사성 물질이라도 새어나오면 그 자리에서 끝장이다.

얼마나 흘렀을까. 주변이 고요해졌다. 머리를 감싸 쥐었던 손을 풀고 고개를 들어 격납고 건물을 살펴보았다. 다행히 무너지지는 않았다. 허리를 펴고 일어서려는데 정적을 깨고 갑자기 비상 사이렌이 날카롭게 울려 퍼졌다. 여기저기서 사람들이 달리는 소리와 대피하라는 고함소리가 들렸다. 사람들은 평소 훈련하던 대로 1차 대피 장소인 주차장을 향해 달리기 시작했다. 그리고 그곳에 모인 인부들에게 다시 최근에 완공된 내진설계안전동으로 이동하라는 명령이 떨어졌다.

후쿠시마 도쿄전력의 건물은 40년이나 된 것들이었다. 보통 원전의 수명은 30~40년의 수명으로 건설되어 40년 이상을 사용하지 않는 것이 관례지만 도쿄전력은 부분 보수를 계속해가며 노후한 발전소를 계속 사용해 오고 있었다. 노후시설을 계속 사용하는 것에 대해 언론이나 시민단체에서는 반대들이 많았지만 항상 그래왔듯이 거대 원전 조직의 계획을 막기에는 역부족이었다.

지진이 일어난 그날은 원전 4호기의 정기 점검 기간이어서 외부 협력업체에서 나온 직원들이 후쿠시마 도쿄 제1전력에서 일을 하고 있었다.

지구 생활자를 위한 핵, 바이러스, 탄소 이야기

발전소,
긴급 자동 정지되다

한편 그 시각 원전 1, 2호기의 중앙 통제실에서는 지진으로 인한 피해 상황을 파악하고 대처하는 데 모든 인력이 집중되어 있었다.

"지진 피해 상황을 보고하라."

"원전 1호기 긴급 자동 정지되었습니다."

"원전 2호기 긴급 자동 정지되었습니다."

후쿠시마 다이치 제1호기와 제2호기의 원자로 내부에서는 지진이 감지되자 자동으로 제어봉이 아래로부터 올라와 원자로의 연료봉 사이를 파고들었다. 중성자를 흡수하여 우라늄235의 핵분열 연쇄반응을 정지시키기 위해서였다.

"긴급 자동 정지 확보."

"냉각수 수위와 원자로 내부 압력을 보고하라."

말은 하지 않았지만 다들 원자로가 긴급 자동 정지되어 한시름 놓는 것 같았다. 중앙통제실은 마치 군대 작전 상황실 같은 분위기였다. 담당자들은 원전 내부의 상태를 알려주는 계기판을 큰소리로 읽으며 계속 상황을 알리고 있었다. 원전 1호기에만 있는 비상냉각시스템인 복수기가 원자로의 자체 냉각을 시작한 사실이 계기판을 통해 확인되었다. 이 시스템은 외부에서 들어오는 교류 전원이 상실되었을 경우 배터리로 작동하도록 되어 있었다.

## 비상냉각시스템인 복수기를
## 수동으로 잠그다

"1호기 원자로의 온도가 비정상적으로 빠르게 내려갑니다."

"보안 지침 사항을 확인해라."

"보안 지침에 따르면 1시간에 55도 미만이어야 합니다."

복수기에 있는 밸브 8개 중 일부를 잠가 온도 하강 속도를 늦추어야 한다는 담당자의 뜻이 받아들여져 일부 밸브를 수동으로 잠그라는 허락이 떨어졌다.

"복수기 밸브 수동 잠금 완료."

원자로 안에서 뜨겁게 달구어진 수증기가 복수기를 지나며 다시 물로 냉각되어 원자로 안으로 공급되는 복수기의 밸브가 닫혔다. 원자로 안의 냉각수를 자동으로 공급하는 비상시스템 중 하나였던 복수기가 수동으로 정지된 것이다.

나중에 밝혀진 일이지만, 멈춰서는 안 될 복수기를 수동으로 정지시킨 건 크나큰 실수였다. 원자로 내부는 제어봉이 장착되었다고 해도 온도가 섭씨 300도가 넘는다. 핵분열을 멈췄더라도 우라늄-235의 핵분열 과정에서 만들어진 다양한 방사성 물질들이 스스로 분열을 계속하고 있기 때문이다. 따라서 원자로의 가동이 중지되었더라도 냉각장치는 계속 가동되어야 한다. 그렇지 않으면 엄청난 열에 의해 폭발이 일어날 위험이 있다. 이는 곧 원자로 안에 갇혀 있던 엄청난 양의 방사성 물질과 방사선들이 세상 밖으로 퍼져나가는 것을 뜻했다. 주변의 꽤 넓은 땅은 아주 오래도록 죽음의 땅이 될 것이 분명했다.

하지만 사고 당시 사람들은 최악의 상황을 생각하지 못했다. 꽤 충격이 큰 지진이었고, 이 지진으로 발전소로 전력을 공급하는 송전탑의 밑동이 무너지고 변압기가 파손되어 외부 전력공급이 차단되었지만, 디젤 발전기가 자동으로 작동할 테니 원자로 시스템이 제대로 가동되는 데 문제가 없을 거라고 생각했던 것이다. 이마저도 여의치 않을 경우를 대비하여 비상용 배터리가 충전되어 있으니 외부로부터 전원이 차단되어도 별 걱정이 없을 거라 여겼다. 이전의 잦은 지진 때에도 항상 디젤 발전기는 잘 작동했으니 말이다.

중앙통제실은 빠르게 충격 속에서 안정을 되찾고 있었다.

## 쓰나미, 그리고 블랙아웃

한편, 그 시각 도쿄에 있는 도쿄전력 본사에서는 대도시에서 벌어질 대규모 정전 사태를 막기 위해 대책 마련에 분주했다. 다들 원자력 발전소는 한 차례 고비를 넘겼다고들 여기고 정전을 막는 데 머리를 맞대고 있었다.

그때였다. 갑자기 중앙통제실의 전등불이 꺼지더니 곧이어 계기판의 불이 하나둘 꺼지기 시작했다. 모든 계기판의 불빛이 꺼지자 귓가를 때리던 날카로운 경보음도 사라졌다. 블랙아웃이 되어버린 상황. 외부 전원이 차단되어도 자가 발전이 가능한 디젤 발전기가 작동하면 이런 일이 없을 텐데? 중앙통제실의 모든 전원이 차단되었다면? 불길한 기운이 스쳐 지나갔다.

소란스럽던 중앙통제실은 순간 침묵에 휩싸였다. 중앙통제실은 원자로 1, 2호기의 사이에 위치하고 있었기 때문에 방사능이 유출된다면 가장 먼저 피해를 입을 게 분명했다. 전원이 나가고, 냉각수 작동이 멈춘다면? 이후의 일은 불을 보듯 빨랐다. 원자로가 끓어 넘치고 내부 압력을 견디지 못하면 폭발해 버릴 것이다.

"디젤 발전기가, 발전기가 물에 잠겼습니다! 터빈 발전기 건물에 바닷물이 밀려들어 왔습니다!"

인부 한 사람이 온 몸에 물을 뚝뚝 떨어뜨리며 탈진한 모습으로 중앙통제실로 소식을 전해왔다. 인부의 손에 들려있는 손전등에서는 물방울이 뚝뚝 떨어지며 차갑게 빛을 내고 있었다.

"뭐야, 도대체 바닷물이 어떻게……!"

중앙통제실장은 소리를 지르다 말고 그만 입을 닫고 말았다. 스스로도 너무나 무서운 생각이 머리를 스쳤기 때문이다. 쓰나미다! 쓰나미가 몰려온 것이다. 바다 가까이에 있는 터빈 발전기 건물에 있던 1~6호기의 비상 디젤 발전기 12대가 쓰나미에 침수된 것이다.

"모든 전원 상실, 비상 디젤 발전기가 수몰되어 현재 6호기 발전기 1대만 가동 중."

중앙통제실에 있던 사람들은 긴급히 손전등을 찾아 계기판을 확인하기 시작했다. 그들의 목소리는 떨렸다.

"1호기 내부 압력 증가!"

"2호기 냉각수 수위 하강!"

앞서 보인 질서정연함은 사라지고 없었다. 상황을 보고하는 비명과도 같은 외침만이 어둠을 흔들고 있었다.

## 전원차로 전력을 공급하라!

원자로 안은 핵분열 생성물들이 붕괴하며 내놓는 열로 들끓고 있었다. 후쿠시마에 있는 도쿄 제1전력의 원자로는 비등수형이었다. 냉각수가 원자로 안의 연료봉 사이를 직접 도는 구조여서 이미 냉각수 자체가 상당한 양의 방사선으로 오염이 되어 있었다. 이 상황에서 냉각수가 열에 의해 빠르게 수증기로 변하면서 원자로 안의 내부 압력을 급격하게 높이고 있었다. 원자로를 다시 냉각시키지 못하면 내부 압력을 견디지 못하고 원자로가 폭발하고 말 것이다. 물론 원자로는 20cm 이상의 합금으로 만들어졌고, 1m가 넘는 철골 콘크리트 구조물인 격납 용기로 외벽이 감싸여 있다. 하지만 두꺼운 합금과 콘크리트가 막아내야 할 것은 핵에너지였다. 그핵에너지가 지금 모든 전원이 사라진 상태에서 냉각장치 하나 없이 들끓고 있는 것이다.

"전원장치를 어떻게든 끌어와! 후쿠시마 인근의 전원차를 긴급수배하도록 해. 어떤 용도든 어디에 있든 상관없어. 최대한 빨리 전원차를 수배해!"

지금 원자로의 냉각 장치를 잃어버린다는 것은 간신히 꺼져가 던 불길에 다시 기름을 붓는 것과도 같았다. 중앙통제실의 한쪽에서는 한 직원이 화이트보드에 뭔가 열심히 계산을 하고 있었다. 전원이 상실된 후 냉각수가 공급되지 않았을 때 원자로의 연료봉이 공기 중으로 노출되기까지 걸리는 시간을 계산하는 중이었다. 연료봉이 공기 중으로 노출된다는 것은 곧 연료봉이 녹아내리는 것, 즉 멜트다운을 의미했다. 그가 계산하는 것은 다시 말해 지옥의 문이 열리기 시작하는 시각을 의미했다.

나중에 밝혀진 사실이지만 직원이 계산을 하고 있을 당시 이미 1호기는 연료봉이 노출되어 멜트다운이 시작된 후였다. 1호기는 지진 발생 1시간 후 핵연료 맨 꼭대기 위로 5m 정도는 냉각수가 있었다. 2~3시간 뒤에는 핵연료 꼭대기까지 내려와 연료봉이 노출되기 시작한 것이다. 사고 당일 오후 7시 반 무렵에는 연료봉이 완전히 수면 바깥으로 나오면서 섭씨 600도 정도였던 원자로 내부 온도는 2,500도 이상으로 급상승했다.

"인근에 수배 가능한 전원차를 모두 긴급 모집해! 그리고 1호기에는 소방차를 준비시켜! 물을 주입할 준비를 하도록 해!"

사고 현장에 있던 사람들은 중앙통제실의 명령을 제대로 알아듣지 못했다. 그저 화재를 대비하기 위해 소방차를 준비시키라는 걸로 이해했다. 하지만 소방차 한 대로 화재 진압을 하려고 하다니 말이 안 되는 주문이었다.

지구 생활자를 위한 핵, 바이러스, 탄소 이야기

"한 대만 준비시킵니까?"

"1호기에 소방차 한 대를 대기시켜! 급수 준비하고!"

그제야 사람들은 중앙통제실의 명령을 이해하고 움직이기 시작했다.

## 짙은 어둠 속으로

아직은 쌀쌀한 초봄, 날은 어두워지고 있었다. 5,000명이 넘던 직원들 중 대부분은 지진과 쓰나미 직후 후쿠시마를 떠나고, 발전소 건물에는 약 300여 명의 직원들만이 남아 있었다.

날이 어두워지면서 공포의 두께는 점점 두꺼워졌다. 지옥의 문이 열리고 말 것인가 아니면 이번에도 운 좋게 넘어갈 것인가? 40년이 넘게 가동되어온 노후한 원전의 장례식을 이렇게 치르게 될 줄은 아무도 몰랐을 것이다.

"전원 차량 두 대가 도착했습니다."

환호성이 울렸다. 드디어 살았다는 안도감이었을까, 흐느끼는 직원도 있었다. 그러나 안심하기는 일렀다.

"접속 플러그가 맞지 않습니다!"

"전압이 맞지 않습니다!"

말도 안 되는 일이었다. 이렇게 사소한 것들이 재앙의 출발이 될 줄이야. 어쩌면 이것은 우연이 아니었는지도 모른다. 원자력이라는 위험 기술을 채택하는 순간부터 일어날 수밖에 없었던 태생

적 위험과 사고였을지도.

중앙통제실은 바빠졌다. 전압을 변환하기 위해 2호기에 있는 변압기를 사용하자는 의견이 나왔다. 하지만 그것도 쉬운 일이 아니었다. 지진으로 인해 2호기 주변의 진입 도로가 막혀 있어서 변압기까지 접근이 어려웠기 때문이다. 이번에는 200m 정도 길이의 굵은 전선을 써서 전원 차량과 2호기 변압기를 연결하자는 의견이 나왔다. 전선을 찾기 위해 또다시 한바탕 소동이 벌어졌다. 그러나 200m 전선의 행방은 알 수가 없었다. 하청직원 하나가 가까스로 창고에 전선이 있다는 사실을 떠올렸다. 하지만 창고 문은 굳게 잠겨 있을 뿐더러 열쇠조차 어디에 있는지 알지 못하는 상황이었다. 우스꽝스러운 일이었다. 기가 막힌 일들이 연이어 벌어지자 사람들의 입은 바싹 말라갔다.

## 선택의 여지가 없다

원자로 안의 압력은 이미 설계상 견딜 수 있는 최고 압력을 넘기고 있었다. 원자로 안의 가스를 밖으로 빼지 않으면 원자로가 터져 버릴 지도 몰랐다. 이번에도 또 소방차로 냉각수를 넣으려고 한다면 내부의 높은 압력으로 인해 물이 들어가지 않을 것이다. 어찌 되었건 원자로 내부의 압력을 낮추기 위해 원자로 안의 공기를 빼내야 했다. 하지만 원자로 안의 공기를 빼낸다는 것은 방사선에 오염된 공기를 일반인들이 거주하는 마을로 내보내는 것을 의미했다.

지구 생활자를 위한 핵, 바이러스, 탄소 이야기

그러나 선택의 여지가 없었다. 1호기는 비상 복수기가 작동하고 있었지만, 2호기는 비상냉각장치가 작동을 하지 않아 문제였다. 그때가 지진이 일어난 바로 다음날 새벽 0시경이다.

한편, 복수기가 멀쩡하다고 생각했던 1호기의 압력이 계속 올라가고 있었다. 그런데도 냉각수의 높이를 가리키는 계기판은 연료봉 위로 +130cm를 가리키고 있었다. 계기판이 고장 난 것이다. 그렇다면 1호기의 비상 복수기도 작동을 하지 못한 게 분명했다. 지진이 발생한 직후 외부전원이 끊기고 자동으로 배터리로 작동되던 비상 복수기를 보안 규정상 온도 하강보다 빨리 내려간다고 판단한 운전원이 일부의 밸브를 잠근 사실이 발전소 중앙 통제실까지는 보고조차 되지 않았던 것이다. 할 수 없었다. 공기를 빼는 벤트 작업은 1호기 먼저 실시하기로 결정이 되었다.

하지만 벤트를 하려면 누군가 오염을 무릅쓰고 들어가서 수동으로 밸브를 열어야 했다. 하지만 도쿄전력 본사 직원들 중 누구도 밸브의 형식과 구조를 잘 아는 사람이 없었다. 도쿄전력은 평소 원자로 부근에서 벌어지는 어려운 작업들은 하청회사 직원들에게 넘겨 왔기 때문이었다.

## 지원자를 찾습니다

내진중요설계동 복도 한편에선 집에 돌아가지 않은 일부 직원들이 다음의 사태를 기다리고 있었다. 불안한 기색으로 일부는 잠을 청하고 일부는 폭발 등의 흉흉한 소문을 속삭이고 있었다.

"테라시마, 집에 가자. 우리야 하청회사 직원이니까 여기에 더 남아 있을 이유가 없는 거 같네. 다들 돌아가고 있어."

"네, 가야지요. 가긴 가야 하는데."

"가긴 가야 하다니. 이 친구야, 정신이 있어, 없어? 자넨 아직 장가도 안 갔잖아. 사고 난 발전소에서 근무했다고 하면 어떤 여자가 결혼하려고 하겠어. 서둘러! 날이 밝는 대로 돌아가자고."

내진설계중요동 복도에서 불안과 피곤에 지친 사람들 틈에 서서 테라시마와 코쿠보 주임이 대화를 나누는 동안, 다른 한쪽에서는 도쿄전력 본사 과장이 밸브의 구조를 잘 아는 사람을 찾고 있었다.

"○○ 회사의 ○○ 팀장 보지 못했나? 원전 1호기에 벤트를 시행해야 한다고. 수동으로 밸브를 열 수 있는 사람이 필요해. 원전 1호기 밸브의 구조를 잘 아는 사람!"

코쿠보 주임이 테라시마의 어깨를 누르며 눈짓으로 신호를 보냈다. 절대 움직이지 마.

"테라시마, 미쳤어? 자네가 왜 거길 가? 정직원도 아니고 하청회사의 계약직 주제에. 거기가 지금 어떤 상황인지 알기나 해? 방사선이 마구 새고 있을 거야. 거기 가면 자넨 결혼은 끝이라고."

"하지만 제가 얼마 전까지 1호기 원자로 압력 밸브 점검을 담당했잖아요. 밸브의 위치며 모양새 정도는 잘 알아요."

"쉿, 테라시마, 이럴 필요 없다니까."

원전 1호기는 터지기 일보 직전이었다. 압력은 이미 버틸 수 있는 최댓값을 넘어서고 있었다. 빨리 벤트를 실시해야 했다. 벤트를 실시해야 소방호수를 연결해 냉각수를 주입할 수 있다. 내진설계 중요동으로 피신하고 있던 작업 인부들 사이에서는 웅성거림이 번져갔다. 집으로 돌아가야 한다. 여기에 있다가는 방사능에 피폭되어 가족들을 다시는 만나지 못할지도 모른다.

불안은 상황을 더욱 극적으로 만들었다. 인부들이 주섬주섬 일어났다. 이미 날은 상당히 어두웠다. 지진으로 인해 발전소로 연결된 도로들도 파괴되어 집으로 돌아가는 것조차 여의치 않은 상황이었다.

테라시마가 망설이는 데 그리 오랜 시간이 걸리지 않았다. 어머니 얼굴이 눈에 밟혔지만, 이대로 돌아갈 수 없지 않은가? 당장 1호기가 터질지도 모르는데, 테라시마는 후쿠시마 인근의 미나미소마시에 어머니와 함께 살고 있었다. 만약 1호기가 터진다면 어머니가 계시는 미나미소마시도 무사하지 못할 것이다. 벤트를 하면 공기가 오염되겠지만 이미 인근 주민들을 대피시키고 있다니 어머니는 피신을 하셨을 것이다. 망설일 시간이 없었다. 별다른 선택의 여지가 없었다. 손을 들었다. 벤트 작업 비상조에 자원했다.

## 결사대

3개의 결사대가 꾸려졌다. 작업은 2명씩 3개 조가 번갈아서 밸브를 여는 작업을 하기로 했다. 이미 연간 허용치 이상의 방사능이 쏟아지고 있어서 작업시간은 최대한 15분을 넘길 수 없었다.

"자네 나이가 몇인가?"

"스물……."

"음. 어떻게 한다지. 자네는 안 되네. 팀에 들어올 수 없어. 방사능 수치가 너무 높아서 젊은 사람은 안 돼. 암 발생률이 너무 높아지거든. 자네 뜻은 고맙지만, 돌아가게. 다음에 힘을 보탤 일이 분명 있을 거야. 그럼."

나이에 걸려 테라시마의 어려운 결심은 좌절되고 말았다. 그때였다.

"과장님! 다른 자원자가 한 사람 더 왔습니다!"

새로운 자원자가 내화복 차림의 방호복을 입고 공기 호흡기인 봄베를 착용한 채 서 있었다. 그는 테라시마의 어깨에 손을 지그시 올려놓았다. 봄베 사이로 보이는 눈동자가 코쿠보 주임의 순한 눈동자와 닮았다.

"코, 코쿠보 주임님……."

맞았다. 코쿠보 주임은 봄베를 쓰고, 머리와 온몸이 하나로 연결된 내화복을 입고 장화를 신은 채 손전등을 들고 있었다. 장갑과 장화 사이에 들뜨는 부분은 테이프로 감아 최대한 방사능 물질이 침입하는 것을 막았다. 하지만 내화복은 화기만 막아줄 뿐 방사선을 차폐하는 기능이 없고 단지 방사성 물질이 피부에 직접 닿는 것을 막을 뿐이다.

3월 12일 오전 9시 4분, 코쿠보 주임은 첫 번째 결사대로 투입되어 또 다른 자원자 한 명과 함께 1호기 격납건물의 이중문을 열었다. 순간 자욱한 수증기가 확 밀려 나왔다. 자기도 모르게 코쿠보 주임은 손으로 입을 가렸다. 비상 손전등으로 원자로 아래의 압력억제실 근처에 있는 수동 밸브의 위치를 확인하고 그쪽을 향해 서서히 다가갔다. 내화복을 입고 있었지만 내부 온도는 엄청났다. 숨이 막히고 땀이 비 오듯 쏟아졌다.

밸브는 지상에서 2m 정도 위에 위치해 있었다. 밸브를 잡으려면 압력억제실의 원자로를 도넛 모양으로 감고 있는 토르를 밟고 서야 했다. 코쿠보 주임은 토르 위에 올라서서 있는 힘을 다해 밸브를 돌렸지만 꿈쩍도 하지 않았다. 다른 대원도 토르 위에 올라섰다. 코쿠보 주임이 자리를 옆으로 옮기려는데, 장화에 끈적거리는 것이 묻어났다. 토르의 온도가 너무 높아 신고 있던 장화가 녹아내리고 있었던 것이다. 둘이 힘을 합해 힘껏 밸브를 돌렸지만, 여전히 끄덕도 하지 않았다. 이때 작업 한계시간을 알리는 알람이 울리기 시작했다. 하지만 여기서 멈추고 돌아갈 수는 없었다. 결사대 제1조는 한번 더 힘을 모았다. 밸브가 조금 움직였다. 약 반 바퀴 정도는 돌린 것 같다. 이제는 서둘러 이곳을 나가야 한다. 이미 작업 허용시간을 넘겼다. 1년 동안 허용된 방사선 피폭허용량을 훌쩍 넘긴 양이었다. 목에 건 방사선량 계측기에서 갑자기 미친 듯이 소리가 나기 시작했다. 1초가 급했다.

첫 번째 결사대 덕분에 다음 작업들도 이어갈 수 있었다. 물론 다른 조들도 코쿠보 주임의 작업량 이상을 넘기지 못했다. 가까스로 벤트가 실시된 시각은 결사대 1조가 작업을 시작하고 나서도 다섯 시간이나 경과한 뒤인 오후 2시였다. 벤트는 성공했고, 1호기 내부의 압력은 낮아졌다.

벤트가 성공했다는 소식이 들리자 땀이 범벅이 되어 죽음을 기다리며, 극심한 두려움과 공포에 떨던 직원들이 환호했다.

## 폭발

내진설계중요동에서 가슴을 졸이며 기다리던 테라시마는 아무리 지나도 코쿠보 주임이 오지 않자 걱정이 되기 시작했다. 근거 없는 추측과 소문이 난무하고 있었다. 테라시마는 가까스로 코쿠보 주임이 작업에 성공하였고, 지금은 격리실에서 응급후송을 기다리고 있다는 소식을 들었다. 방사능 피폭량이 너무 많아서 일반인들과 접촉할 수 없는 상황이라는 이야기도 들었다.

테라시마는 어머니 얼굴이 떠올랐다. 전화라도 할 수 있으면 좋을 텐데. 이번에 돌아가면 실은 그때 그 아가씨한테 굉장히 마음에 들었다고 말해주고 싶은데. 올해 안에 꼭 결혼을 하고 싶다

지구 생활자를 위한 핵, 바이러스, 탄소 이야기

고, 나랑 결혼하자고 고백하고 싶은데.

'코쿠보 주임님, 잘 버티셔야 해요.'

그때였다. 갑자기 세상이 밝아지는 듯싶더니 '쾅!' 하고 큰 폭발이 일어났다. 발전소 건물 전체가 크게 흔들렸다. 여기저기서 비명 소리가 들렸다. 불길이 치솟고 있었다. 건물 밖 도로에는 콘크리트 파편덩어리가 비처럼 쏟아지고 있었다. 비명 소리에 이어 신음 소리가 들렸다. 한치 앞도 보이지 않았다. 건물은 연기와 수증기가 가득했다. 설마 했던 일이 벌어지다니. 원자로가 폭발한 것이다!

3월 12일 오후 3시 36분. 지옥의 문이 열렸다. 지진이 일어나고 만 하루가 조금 지난 시각이었다.

# 후쿠시마 원전 사고,
# 그 후

원자로 중심에 있는 노심,

즉 핵 연료봉들이 녹아버리는 일을 멜트다운이라고 해요.

원자로의 노심은 핵분열이 일어나는 과정에서 과열되기 쉬운데

이때 노심을 냉각시키는 냉각장치가 고장 나

핵분열을 제어할 수 없게 되면 원자로는 녹아버리게 되지요.

2011년에 발생한 일본 후쿠시마 원자력발전소 사고 당시

1~3호기 원자로의 핵연료가 모두 녹아내리는 멜트다운이 발생했어요.

## 전력이 차단되자 어떤 조치를 했죠?

냉각장치를 작동시킬 전력이 차단되자, 원전의 주인이었던 도쿄전력은 소방호수를 이용해 원자로에 냉각수를 주입하기로 합니다. 하지만 그 시도는 실패로 끝나고 말죠. 어처구니없게도 소방호수를 연결하는 어댑터가 맞지 않아서였어요. 부랴부랴 다른 호수를 끌고 와서 간신히 주입하는 데 성공하지만, 그마저도 달아오른 원자로를 식히기에는 충분하진 않았답니다. 3호기의 경우 냉각장치의 설계 결함으로 외부에서 물을 충분히 주입하지 못하는 구조였기 때문이지요.

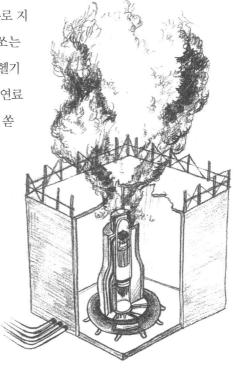

지상에서 소방호수로 지붕 위를 향해 물을 쏘는 동안, 하늘 위에서는 헬기가 동원되어 사용 후 연료봉 저장 수조에 물을 쏟아 붓느라 정신이 없었어요. 이렇게 퍼부은 물은 방사능 물질에 그대로 오염이 된 채 땅으로 스며들고 바다로 흘러들어 갔습니다. 지하수와

빗물에 씻겨간 방사성 물질은 지금 이 시간에도 해저의 퇴적물 속에 차곡차곡 쌓여가고 있는 상황이랍니다.

## 원전에서 전원이 끊기는 게
## 이렇게 엄청난 일일 줄 몰랐네요.

그렇답니다. 원자로는 물을 끓이는 전기포트와도 같아요. 연료봉에 핵연료를 넣고 핵분열을 시키면 열이 나고, 그러면 주변에 있던 물이 끓어오르고 고온의 수증기가 발생합니다. 그것으로 터빈이 돌아가고 전기가 만들어지지요. 문제는 핵이 스스로 분열 속도를 줄이거나 조절할 수 없다는 점이에요. 핵분열의 속도와 열을 조절하려면 반드시 냉각장치가 필요하지요. 그러려면 전기가 필요하고요. 핵분열은 한번 시작하면 굉장한 속도로 연쇄적으로 계속되기 때문에 제어하지 못하는 순간, 돌이킬 수 없는 재앙이 벌어지고 맙니다. 최악의 경우, 핵연료가 모든 것을 녹여버리는 멜트다운 상태가 됩니다. 그리고 녹아버린 핵연료들이 원자로 안에 고이면 엄청난 양의 방사능이 방출되게 되고요.

## 복구가 가능할까요?

한참 멀었어요. 재건은커녕 부서진 발전소를 완전히 해체하고 방사성 물질을 제거하는 일만 해도 몇십 년이 걸릴 것으로 예상하는 걸요. 게다가 방사능 위험은 전혀 줄지 않았답니다. 손상된 원

34

자로 내에 녹아 있는 핵연료를 제거할 기술이 아직 아직 없거든요. 수소 폭발이 일어난 1, 3, 4호기, 핵연료가 녹아내린 멜트다운이 일어난 1, 2, 3호기. 게다가 원자로 건물내 수조에 보관 중인 아직 꺼내지도 못한 1,007개의 핵연료봉. 수습해야 할 큼직한 일들이 너무나 많아요.

## 현재 상황은요?

2014년 1월, 도쿄전력 후쿠시마 제1원자력 발전소의 1, 2, 3호기의 원자로와 격납 용기에 질소를 채워 넣고, 담수를 원자로에 주입하여 순환시키는 냉각시스템을 가동하였으며, 4~6호기에는 사용 후 핵연료를 보관하는 수조의 냉각수가 일정한 온도로 유지되도록 했어요. 또 1, 2, 3호기 내에 있는 사용 후 핵연료 보관 수조에도 냉각장치를 가동했어요. 그나마 다행인 것은 사고 후 수소 폭발로 건물의 절반이 파괴되어 붕괴 위험이 있던 원전 4호기에서 2014년 사용 후 핵연료봉을 옮기는 데 성공했고, 멜트다운이 일어난 3호기의 보관 수조에 있던 사용 후 핵연료 566개는 2021년에 로봇팔을 이용해 옮길 수 있었어요. 사고 후 철골이 드러난 원자로 건물에 커버를 씌워놓아 겉에서 보기에는 사고의 흔적이 보이지 않아요. 하지만 현재 원전이 가동 중이었던 1, 2, 3호기의 원자로 내부의 상황이나 녹아버린 핵연료가 어디쯤 위치하고 있는지도 알 수가 없어요. 방사선량이 너무 높아 로봇조차 접근이 어려운 상황이에요. 또 이미 오염된 지하수가 후쿠시마 인근 앞바다로 매일 300톤 규모로 흘러들어가고 있는데 정확한 것을 알 수 없습니다. 게다가 폭발한 원전을 냉각하기 위해 원자로에 주입 후 회수한 냉각수 보관 지하의 물탱크가 새고 있는 사실을 뒤늦게 발견했지만, 이미 상당량의 오염된 냉각수가 부근의 지하수를 오염시킨 후였어요. 또 새고 있는 지하 저장탱크를 대신하기 위해 급하게 만들어 놓은 지상의 오염수 보관 물통에서도 오염수가 새는 것을 발견했답니다. 급하게 제작을 하느라 밑판과 몸통을 용접하는 대신 볼트로 죄어 놓은 형태로 만들었기 때문에 물이 쉽게 새어 나갔던 거예요. 그나마도 이 물통은 수명이 5년이라는 데 걱정이에요.

### 오염된 냉각수가 새고 있다니 걱정이네요.

희망까지도 함께 줄줄 새는 느낌입니다. 한국 정부는 "태평양의 쿠로시오 해류가 시계 방향으로 흐르기 때문에 후쿠시마의 오염된 바닷물이 우리나라 해역에 영향을 주지 않는다", "편서풍이 서쪽에서 동쪽으로 불고 있기 때문에 후쿠시마의 오염된 공기가 우리나라에 오지 않는다" 등의 말로 사람들을 안심시키고 있지만, 이미 지옥의 문이 열린 건 엄연한 현실이에요.

지구 생활자를 위한 핵, 바이러스, 탄소 이야기

**원전 사고는 여전히 현재진행형이군요.**

잊지 말아야 할 것이 있어요. 사고 현장을 수습하느라 많은 분들이 희생되었다는 사실을요. 이분들은 현장을 떠나지 않고 수습하느라 방사능에 노출되었답니다. 마지막까지 현장을 지켰던 요시다 소장 같은 분은 사고 발생 2년 뒤 식도암으로 사망했어요. 요시다 소장이 결단력 있게 지도력을 발휘했으니 망정이지 그분이 없었다면 사고 수습은 더 엉망이 되어 버렸을 거예요. 원전 사고 후 수습을 위해 발전소를 떠나지 않고 목숨을 담보로 사투를 벌였던 노동자들과 지금도 여전한 방사능의 위험 속에서 복구 작업을 진행 중인 노동자들의 용기와 희생도 잊으면 안 됩니다.

**대체 핵이 뭐길래**
**우리를 위험에 빠트리게 된 걸까요?**

원자력을 '원자가 가진 에너지'로 생각하면 곤란해요. '원자력 발전'은 영어로 'Nuclear', 번역하면 '핵에너지'랍니다. 그러니까 '원자력 발전'이란, 원자 중에서도 질량의 대부분을 차지하는 '핵'이 '분열하면서 나오는 에너지'로 발전기를 돌려 전기에너지를 얻는 것을 말합니다. 인류가 핵에너지로 처음 만든 것은 핵폭탄이었어요. 그것을 시작으로 인류는 핵을 다양하게 이용해오고 있답니다. 핵에너지를 좀 더 알아보기 위해 먼저, 영화 주인공들을 만나 보기로 해요.

# 천하무적,
## 우주소년 아톰

때는 21세기.

인간과 로봇이 공존하는 이곳에

인간이 되고 싶은 로봇 소년이 있었습니다.

팔뚝에서는 폭탄이, 다리에서는 기관포가 발사되는 천하무적이었습니다.

나쁜 일에는 언제나 몸을 아끼지 않고 싸울 정도로 정의감이 넘쳤습니다.

우주소년 아톰은 1950년대 일본 만화에 처음 등장한 이후

전 세계 어린이들에게 뜨거운 사랑을 받았던 주인공입니다.

지구 생활자를 위한 핵, 바이러스, 탄소 이야기

## 아톰, 반가워!

정말 귀엽죠? 하지만 아톰이 탄생하게 된 배경은 평범하지 않았어요. 2차 세계대전이 끝날 무렵, 일본에 떨어진 원자폭탄과 관련이 있거든요. 잘 알다시피 일본은 세계 최초로 원자폭탄이 민간인이 사는 지역에 투하되어 많은 사람들이 죽고 다치는 일을 겪은 나라예요. 아톰은 그때 만들어졌답니다.

1945년 8월, 일본 히로시마와 나가사키에 원자 폭탄 두 개가 떨어졌어요. 이 폭탄들의 이름은 '리틀 보이'와 '팻 맨'이었어요. 끔찍한 위력을 갖고 있던 것과는 전혀 어울리지 않게도 귀여운 이름이었죠. 원자폭탄이 일본 본토에 떨어지자 일본 사회는 원자력의 과학기술에 대해 큰 관심을 갖게 되지요. 심지어 일본도 그런 막강한 힘을 가져 하루 빨리 경제가 성장하기를 희망하는 분위기가 형성되죠. 원자력 발전소를 통해 전쟁의 피해를 극복하고 경제 성장 대국으로 세계적인 지위를 갖고 싶은 일본 사회의 열망은 뜨거웠답니다. 이런 배경에서 나온 만화가 바로 〈철완 아톰〉이었어요. 1952년부터 잡지에

연재된 이 만화는 텔레비전용 흑백 애니메이션으로 제작되었고, 시청률 40%를 기록했답니다. 우리나라에는 〈우주소년 아톰〉이라는 이름으로 소개되어 큰 인기를 끌었어요. 원자폭탄으로 피해를 겪은 일본에서 원자력 에너지로 작동하는 만화 주인공이 탄생하고 인기를 끌다니 정말 아이러니하죠.

## 일본은 스스로를 '작지만 힘이 센 아톰'으로 비유한 것 같아요.

맞아요. 어쩌면 원자력으로 무장한 초강력 우주 소년 아톰을 낳은 것은 원자폭탄으로 치명타를 입었으나 한편으로는 미국의 원자력 에너지 기술을 부러워하는 사회적 분위기였는지도 몰라요. 아톰의 만화 작가는 일본이 패망한 뒤, 스스로를 작고 왜소하다고 비하하며 미국과 같은 서방 세계만을 동경하는 일본의 어린이들에게 '작은 것이 강하고 힘이 세다'는 인식을 심어주기 위해 아톰을 만들었다고 고백하지요. 그가 표현한 아톰은 발바닥에 제트분사 엔진이 있어서 하늘을 높이 날 수 있고 60여 개의 외국어가 프로그래밍 되어 있고 손에서는 빛이 나오고 손가락에서는 레이저 광산을 쏠 수 있었어요. 게다가 감성지능이 높아서 착하고 나쁜 사람들의 마음까지 파악할 수 있었답니다.

## 원자력 에너지가 그렇게 센가요?

석유나 석탄과 비교할 수 없을 정도로 효율이 높아요. 아톰이 힘이 센 것도 소형 원자로 덕분이죠. 이게 다 원자력 에너지의 재료인 우라늄 덕분이죠. 아톰한테도 동생이 있는 거 아세요? 이름이 '우란'이에요. 우란은 '우라늄'에서 나온 말로 아톰의 동생에 딱 맞는 이름이지요. 우라늄 1g이 완전히 핵분열해서 나오는 원자력 에너지는 석탄 3톤, 석유 9드럼이 탈 때 나오는 에너지와 같다고 해요.

## 우라늄이 무시무시한 광물인가 보네요.

천연 우라늄은 핵연료에 사용되는 농축 우라늄과는 성격이 달라요. 지구를 구성하는 모든 물질이 그렇듯 우주로부터 온 광물이에요. 그 양도 매우 적어 전체 지각의 양을 '100만'이라고 했을 때 우라늄의 양은 2 정도(이걸 과학자들은 2ppm이라고 하죠) 밖에 안 돼요.

## 천연 우라늄도 핵분열을 하나요?

그럼요. 하지만 엄청나게 오래 걸려요. 자연 상태에서는 한번 분열하는 데 7억 380만 년이 걸린답니다. 반면, 원자력 발전에서 사용되는 농축 우라늄의 경우, 반응 속도는 비교할 수 없을 정도로 빨라요.

## 핵분열 속도가 왜 그렇게 차이가 나나요?

모두 원자로 안에서 일어난 일이기 때문이에요. 핵연료로 사용되는 우라늄은 '우라늄-235'라는 종류인데 천연 우라늄 중에서도 약 0.7%의 극소량으로만 존재하지요. 이 우라늄-235 1g 안에 있는 1조 24억 개의 우라늄 원자가 원자로에서 연쇄적으로 분열하는 반응을 모두 마치는 데는 1백만 분의 1초도 걸리지 않아요.

1938년, 독일 과학자 오토 한과 프리츠 슈트라스만은 우라늄 원자에 중성자를 빠른 속도로 충돌시키면 바륨이 생성되고, 이 과정에서 2~3개의 중성자가 다시 연쇄 반응을 일으킨다는 사실을 발견해요. 핵분열에 대한 연구가 본격적으로 시작된 계기였지요.

## 인간이 핵분열을 마음대로 조정하게 되면서 엄청난 일이 벌어지게 된 거네요.

맞아요. 1백만 분의 1초에 만들어지는 폭발적인 에너지로 폭탄을 만들기도, 에너지원을 만들기도 하게 된 거죠. 구석기 시대의 네안데르탈인은 호모 사피엔스와는 달리 불씨를 보관할 줄은 알았지만 직접 불을 피우는 방법은 몰랐답니다. 그래서 불씨가 꺼지면 낭패였어요. 꺼지지 않은 불씨를 손에 넣고 싶었던 과거 인류의 염원이 이루어진 걸까요? 아니면 더 거슬러 올라가, 인간에게 불을 가져다 준 죄로 코카서스 산에서 매일 매일 독수리에게 간을 쪼아 먹히는 프로메테우스의 고통이 헛되지 않은 것일까요? 아니면, 열리지 말아야 했던 판도라의 상자가 열려 버린 것일까요?

## 우라늄이 핵분열 할 때
## 대체 무슨 일이 벌어지는 거예요?

원자 하나를 생각해보기로 해요. 원자는 물질을 이루는 기본 단위이죠. 원자는 중성자와 단단히 뭉쳐있는 핵, 그리고 그 주위를 도는 전자로 이루어져 있어요. 원자들의 크기는 다 제각각이에요. 가장 작은 수소 원자부터 굉장히 뚱뚱한 원자까지 질량도 다 달라요. 원자력 발전에 사용되는 원료인 우라늄은 뚱뚱한 편에 속해요.

뚱뚱한 우라늄은 불안정해요. 원자핵 속에는 양성자만 해도 92개이고 거기에 중성자 143개까지 더해지니 질량이 235나 되지요. 중성자는 전기적으로 +도 아니고 -도 아니어서 많아도 큰 문제가 아니지만, 양성자는 모두 +를 띠고 있어서 자기들끼리 서로 밀어내기 바쁘죠. 서로 밀어내고 있는 알갱이들이 아주 작은 핵 속에 바글바글 들어 있으니 얼마나 불안정하겠어요. 몸에 안 맞는 꽉 끼는 옷을 입고 있는 사람처럼 금방이라도 단추가 터질 듯 버티고 있죠. 이 상황에서 중성자가 하나 슬쩍 비집고 들어오면 우라늄 원자핵은 마치 찹쌀떡 늘어지듯이 길게 늘어지다가 퍽 하고 쪼개져 버린답니다. 그게 과학자들이 발견해낸 핵분열의 원리였어요.

**뚱뚱한 원자들이**

**쉽게 쪼개지는 성질을 이용한 것이 분열이고,**

**거기서 나오는 에너지가 원자력이군요.**

정확해요. 여기에 유명한 $E=MC^2$이라는 아인슈타인의 이론이 적용된답니다. 원자로에서 우라늄-235가 중성자를 하나 흡수해서 붕괴되면 다른 원자들과 3개 정도의 중성자로 붕괴하게 되는데 이때 이들의 질량의 합을 구하면 반응 전과 후가 달라요. 반응 후의 질량이 조금 줄어들어 있죠. 이렇게 줄어든 질량이 에너지가 되는 거지요.

**핵들은 서로 강하게 붙어 있어서**

**쉽게 핵분열이 일어나진 않을 것 같은데요?**

자연계의 모든 것들은 자발적으로 안정적인 상태가 되려고 한답니다. 원자들도 마찬가지고요. 그래서 어떤 원자들은 서로 합쳐지고, 어떤 원자들은 스스로 붕괴되면서 안정적인 상태가 되려고 하지요. 그 과정이 핵융합이나 핵분열입니다.

원자핵 하나가 분열할 때 방출되는 에너지는 $7.6 \times 10^{-12}$cal 정도로 적어요. 하지만 연쇄반응으로 매우 많은 수의 핵분열이 일어나면 어마어마한 에너지가 방출되지요. 우라늄-235 1g에는 약 $2.6 \times 10^{21}$개의 원자가 들어 있으므로 이것이 모두 핵분열을 일으키면,

$(7.6×10^{-12}cal)×2.6×10^{21}$개$=2.0×10^{10}cal$

즉 200억cal라는 막대한 에너지가 방출됩니다.


## 결국 '작은 것이 강하다'는
## 아톰 작가의 생각은 옳았네요.

하지만 그런 생각이 돌이킬 수 없는 후쿠시마 원자력 발전소 사고를 만들어낸 게 아닐까요? 원자력 발전소를 이용해 경제를 성장시키겠다는 일본의 꿈은 결국 일본을 원자력 발전 용량이 세계 4위인 나라로 만들었으니까요. 그런데 그거 아세요? 국토 면적 대비 원전 설비 용량이 세계 1, 2위를 다투는 나라가 어느 나라인지?


## 설마?

맞아요. 바로, 대한민국이랍니다.

# 04

# 방사능 돌연변이,
## X맨

터질 듯 부풀어 오른 근육,

세상의 모든 것들을 다 부수어도 풀리지 않을 것 같은

슬픔과 분노가 뒤엉킨 눈빛,

불끈 쥔 주먹 사이로 날카롭게 솟은 세 개의 금속 칼,

총알이 박혀도 바로 아물기 시작하는 몸.

세상에서 가장 강한 아다만티움 금속으로 온몸을 무장하고

신체 재생능력이 있어 영원히 죽지 않는 돌연변이,

영화 〈엑스맨〉의 주인공, 울. 버. 린.

## 울버린, 정말 멋지네요!

그렇죠? 그런데 이 울버린이 유전자 변형으로 인한 돌연변이란 건 아시죠? 영화 〈엑스맨〉이 탄생하게 된 배경은 〈엑스맨: 퍼스트 클래스〉에 자세히 나오고 있어요. 실제 역사에서 쿠바와 미국이 갈등하는 가운데 소련이 핵폭탄을 실은 미사일을 쿠바에 배치하려던 사건이 배경이지요. 영화에서 악역으로 등장한 세바스찬 쇼우는 이런 말을 합니다.

"핵전쟁이 일어나야 인간의 수가 줄어들고 우리 같은 돌연변이가 많아진다. 방사능이 돌연변이를 만들었다. 인간들을 죽여야 우리가 강해진다."

그리고 핵탄두를 바라보면서 덧붙이지요.

"우리도 모두 이것의 자손이다."

영화에서 엑스맨들은 방사선에 피폭된 돌연변이에요. 파란 물감을 뒤집어 쓴 듯한 천재 유전자공학 박사인 핸리 매코이(일명 비스트)는 아버지가 원자력 발전소에서 근무하면서 방사선에 많이 쪼이는 바람에 손발이 큰 돌연변이 기형으로 태어나요. 엑스맨이라는 이름도 그들이 가진 X유전자 때문에 얻은 이름이에요. 영화에서 X유전자

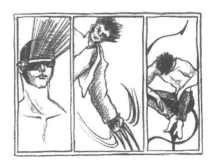

는 방사능으로 인해 형태가 비정상적으로 변한 유전자를 말해요.

엑스맨뿐만 아니라 영화 속에서 방사능으로 돌연변이가 되어 버린 주인공들은 많아요. 화가 나면 몸이 녹색 괴물로 변하는 헐크, 방사선에 쪼인 거미에게 물려 거미 유전자를 갖게 된 스파이더맨 등이 그렇죠.

## 방사선이 뭐예요?

모든 물질은 원자로 이루어져 있어요. 불안정한 원자핵은 자기에게 있던 알갱이나 에너지 일부를 방출해서 안정화하려는 경향이 있어요. 에너지가 방출되는 과정을 '방사성 붕괴', 방출되는 에너지 흐름을 '방사선'이라고 합니다. 시간당 붕괴하는 양 혹은 방사성 붕괴를 일으키는 능력을 '방사능'이라고 하고요.

불안정한 원자가 안정화되는 방법은 여러 가지예요. 불안정한 원인이 다양하기 때문이죠. 어떤 것은 양성자가 많아서, 어떤 것은 중성자가 많아서 불안정하거든요. 원자마다 저마다의 방식으로 변하며 에너지를 방출하기 때문에 에

지구 생활자를 위한 핵, 바이러스, 탄소 이야기

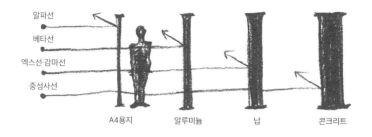

알파선
베타선
엑스선·감마선
중성자선

A4용지 　　 알루미늄 　　 납 　　 콘크리트

너지의 종류도 달라요. 어떤 방사선은 입자 형태로, 어떤 건 전자파 형태로 나오죠. 입자 형태로 나오는 방사선은 알파, 베타, 중성자 등이고, 전자파 형태로 나오는 방사선은 감마선, X선 등이랍니다.

### 알파가 뭔데요?

알파 입자는 전자가 빠진 헬륨의 원자핵과 똑같이 생겼어요. 그래서 다른 것에 비해 크기 때문에 다른 물질을 투과하는 능력이 적어서 우리 피부를 뚫고 들어오지 못한답니다. 심지어 A4용지도 못 뚫을 정도지요. 플루토늄의 경우는 핵이 너무 커서 불안정하기 때문에 전자와 양성자 2개를 제거하면서 붕괴하게 되지요. 이때 나오는 양성자 2개로 이루어진 입자가 알파 입자랍니다. 그래서 플루토늄의 원자핵이 붕괴하여 라돈이 될 때 알파 입자가 방출됩니다.

**에이, 별 거 아니네요.**

**우리 피부도 뚫고 들어오지 못하잖아요.**

투과력이 약하다고 방사성 입자가 힘이 약하다고 생각하면 안돼요. 투과력이 약하다는 것은 알파 입자의 에너지가 다른 물질과 반응하는 데 쓰이느라 전달되지 않는다는 뜻이거든요. 다시 말해, 알파 입자를 내보내는 방사성 물질이 입이나 상처를 통해 몸 안으로 들어오면, 알파 입자가 우리 세포와 아주 쉽게 반응해서 다양하게 변형된 이온들을 만들어 몸 안의 세포를 많이 파괴시킨답니다. 한번 몸에 들어오면 뼈나 간에 직접 축적되어 쉽게 배설되거나 쉽게 분해되지 않는 채로요. 플루토늄의 경우, 방사성 독성이 절반 정도로 줄어들려면 2만5천 년이라는 세월이 걸린답니다.

**베타는요?**

베타 입자는 원자핵에서 튀어나오는 입자입니다. 어떤 방사성 원자는 핵에 중성자가 많으면 중성자를 양성자로 바꾸면서 베타 입자를 내보내고, 양성자가 많으면 양성자를 중성자로 바꾸면서 좀 다른 베타 입자를 내보낸답니다. 베타 입자는 무게가 가볍고 작아서 속도가 빠르죠. 공기 중에서 알파 입자보다 먼 거리를 움직인답니다. 어떤 물질을 뚫고 들어가는 능력도 알파 입자보다 크고요.

지구 생활자를 위한 핵, 바이러스, 탄소 이야기

## 감마선은요?

알파 입자나 베타 입자를 내보내고 흔들거리며 혼란 상태일 때 핵은 자기가 갖고 있던 에너지를 내보내어 진정시키게 되는데 이때 나오는 것이 감마선이랍니다. 감마선을 내보낸다고 해서 원자 번호나 원자 질량이 달라지거나 하지는 않아요. 감마선은 에너지가 정말 커요. 어찌나 큰지 농작물의 유전자에 돌연변이를 일으킬 정도이죠. 그래서 품종을 개량하는 데 이용되거나 박테리아 등을 살균할 때 사용된답니다. 영화 속 주인공인 헐크나 스파이더맨 등은 모두 감마선의 영향으로 돌연변이가 되었다고 설정이 되어 있어요. 감마선은 에너지가 강하기 때문에 두꺼운 곳도 쉽게 통과한답니다. 그래서 투과력이 강한 감마선을 막기 위해 원자로는 25cm 두께의 두꺼운 강철로 되어 있고, 원자로를 둘러싸고 있는 건물은 안쪽 벽에 6~7mm 두께의 강철판이 붙은 약 120cm 두께의 철근 콘크리트로 만든답니다.

## 그런데 방사선 단위는 왜 이렇게 많죠?
## 헷갈려요.
## 베크렐? 시버트?

맞아요. 방사선 단위는 여러 종류가 있어요. 후쿠시마 원전 사고 기사를 보다 보면 베크렐, 시버트 등 방사능 세기를 말하는 단위가 여럿 등장하지요. 이 기사를 한번 보세요.

일본 공영방송 NHK에 따르면 9일 도쿄전력은 후쿠시마 제1원전에서 원자로 냉각에 사용된 오염수가 실수로 유출되면서 (중략) 최소 7톤의 오염수가 유출된 것으로 추정하고 있으며 리터 당 3,400만Bq(베크렐)의 방사성 물질이 확인 (중략) 또한 이날 사고 현장에서 일하던 작업자 11명 가운데 6명이 피폭 (중략) 하지만 피폭량이 최대 1.2mSv(밀리시버트)로……

원래 방사능의 단위는 퀴리(Ci)와 베크렐(Bq)이 있어요. 1퀴리는 1g의 라듐에 포함된 원자핵이 1초 동안 붕괴하는 수를 말해요. 라듐을 발견한 과학자 마리 퀴리의 이름을 따서 만든 단위였어요. 그러다 최근에 '베크렐'을 국제 표준 단위로 사용하게 되었어요.

베크렐은 방사성 물질이 가진 원래의 방사능의 세기를 말해요. 1 베크렐은 1초 당 1번 붕괴하는 방사능을 가졌다는 뜻이에요. 즉 단위 시간 당 붕괴하는 회수로 방사능 정도를 나타낸 거죠. 예를 들어 기사에서 나온 "리터 당 3,400만Bq(베크렐)"이라는 건 오염수 1리터 안에서 1초 당 3,400만 번의 핵붕괴가 일어난다는 뜻이에요.

라면으로 예를 들어 볼게요. 라면은 같은 무게라도 종류마다 칼로리가 달라요. ㅊㄱㄹㅁ은 495kcal, ㅅㅇㄹㅁ은 500kcal, ㅅㄹㅁ은 505kcal, ㅉㅍㄱㅌ는 610kcal랍니다. 게다가 같은 종류의 라면이더라도 먹는 사람에 따라 살이 찌는 정도가 달라지죠. 체질에 따라 라면 한 봉지의 열량을 받아들이는 정도가 다르니까요. 방사

지구 생활자를 위한 핵, 바이러스, 탄소 이야기

선도 마찬가지예요. 방사성 물질의 방사능은 원래 고유의 양과 세기가 있어요. 라면 자체가 갖고 있는 칼로리처럼요. 하지만 이것만으로는 우리 인체에 미치는 영향까지 측정할 수 없었죠.

## 인체에 미치는 영향을 나타내는 방사선의 단위가 '시버트'군요?

맞아요. 시버트(Sv)는 방사성 물질이 내보내는 에너지가 어떤 물질에 흡수된 양을 나타내는 단위입니다. 같은 양의 방사선을 쪼였다 하더라도 그게 알파 입자인지 X선이나 감마선인지에 따라 생물학적 손상도는 달라요. 인체에 미치는 영향을 나타내기 위해서는 방사선의 종류에 따른 영향을 얼마나 받는지를 고려한 시버트라는 단위를 사용한답니다. 즉 시버트는 방사선에 노출되었을 때 우리 몸에 미치는 방사선의 영향(피폭선량)을 나타내는 단위입니다. 일반적으로 병원에서 엑스레이를 1회 촬영할 경우 피폭선량이 0.01~0.1밀리시버트(mSv) 정도라고 해요.

예를 들어 똑같은 크기의 방사능의 세기인 베크렐을 가지고 있는 표고버섯과 미역이 있다고 해봐요. 한 사람이 이 두 가지를 같은 양 먹었다고 했을 때 시버트 값이 같을까요? 아니에요.

표고버섯에 있는 방사성 물질은 세슘이고, 미역에 있는 것은 요오드예요. 그럴 경우 세슘과 요오드는 인체에 미치는 영향이 달라요. 베크렐의 값이 같아도 인체에 미치는 정도를 나타내는 시버트 값은 달라지는 거죠. 500kcal의 열량을 가지고 있는 라면을 먹더라도 탄수화물의 양이 많은 라면인지 지방의 양이 많은 라면인지에 따라 내 똥배를 나오게 하는 정도가 달라지는 것과 같은 이유이지요.

## 방사선은
## 우리 몸에 어떻게 영향을 미쳐요?

방사선에 노출되어도 영화 속 X맨처럼 돌연변이가 된다면 멋있기는 하려나요? 하지만 현실에서는 그렇지 않아요. 각종 암에 걸려 고통을 받는 경우가 더 많답니다. 1986년 원전 폭발사고가 났던 체르노빌에서 자란 아이들은 백혈병, 갑상샘 암, 기형 등 다양한 질병으로 지금까지도 고통을 받고 있답니다. 이것이 영화가 아닌 세상의 진짜 모습이지요. 걱정인 건, 최근에는 후쿠시마 주변에 사는 어린이들의 몸 안에서 방사성 물질인 세슘이 발견되었다는 점이에요.

알파, 베타, 감마, X선과 같은 방사선은 에너지를 가지고 있어요. 이 에너지가 우리 몸 안에 들어가게 되면 우리 몸을 이루고 있는 원자를 흔들어서 원자의 끄트머리를 돌고 있는 전자를 떼어내 버려요. 전자는 세포 안의 핵 속에 있는 DNA에 충격을 주어 DNA를 절단시킬 수도 있어요. 또 방사선에 의해 몸 안에 70%나 들어있는 물 분자를 흔들어 인체에 다양한 형태의 물질을 만들어내고 이렇게 만들어진 물질들은 굉장히 활발하여 주변 것들과 마구 반응을 일으키게 되지요. 이 물질이 DNA를 이루는 분자와 화학반응을 일으켜 해를 입힐 수 있어요. 이 모든 과정에 걸리는 시간은 얼마일까요? 1천 분의 1초도 안 되는 순식간의 일이랍니다.

일반적으로 세포분열이 자주 일어나는 세포나 성장이 빠른 조직 세포가 방사선에 의해 피해를 입을 확률이 커요. 대표적으로 생식 세포가 그래요.

### 하지만 DNA는
### 스스로 고장 난 곳을 치료할 수 있지 않나요?

맞아요. DNA는 상처를 입으면 바로 수선 작업에 들어가죠. 하지만 실패하기도 해요. 그러면 세포가 죽어버리거나 기능이 정지되거나 돌연변이를 일으키기도 해요. 물론 우리 몸에는 돌연변이가 생겼을 때를 대비한 대책도 준비되어 있어요. 세포의 자살 프로그램이 작동해서 자폭하거나 면역시스템이 발동하여 그 세포를 제거하죠. 하지만 손상된 세포의 수가 너무 많아지면 이 시스템들이 제대로 작동하지 못해요. 특히나 짧은 시간 안에 많은 방사선에 피폭되는 경우 큰일이에요. 복구가 채 되기도 전에 세포가 지나치게 많이 파괴되니까요. 그래서 '1일 허용 방사선량'이라는 말이 생기게 된 거예요. 허용량 이상으로 방사선을 쪼이면, 피부에 붉은 점이 나타나기도 하고 물집이 생기기도 하고 헐어버리기도 해요. 눈에서는 백내장에 걸리거나 수정체가 혼탁해지고 각종 장기는 비정상적으로 기능하게 되지요. 생식 세포라면 정자나 난자를 만들지 못하게 되거나 불임이 되기도 합니다.

**무섭네요.**
**그럼 1일 허용 방사선량보다 적게 쪼이는 건 괜찮죠?**

확률의 문제라서 안심하기엔 일러요. 아주 적은 양의 방사선이라고 아무 일도 안 일어나는 건 아니거든요. 방사선에 쪼인 세포가 우연히 제거되지 않고 돌연변이 상태로 살아있다 암 세포로 발전하기도 하거든요. 뿐만 아니라 생식 세포에서 돌연변이가 생기면 기형아를 낳거나 자손에게 유전되기도 해요. 당장이 아니라도 언젠가는 그런 현상이 발현될 가능성이 있죠. 그래서 방사선을 쪼인 양이 적다고 해서 안전하다고 이야기할 수 없어요.

**1일 허용 방사선량은 어떨 때 의미가 있어요?**

우리가 방사선을 쪼였을 때 나타나는 영향은 두 가지로 분류할 수 있어요. 너무나 많은 양의 방사선을 갑자기 쪼여서 세포가 복구될 시간도 없이 상당량이 죽어버려 신체에 이상이 생기는 급성 증상을 보이는 경우와 돌연변이 세포가 암 세포로 나타나거나 유전되는 만성적인 영향을 나타내는 경우예요.

만성적 영향이 나타나는 경우에는 1일 허용량이 큰 의미가 없

지구 생활자를 위한 핵, 바이러스, 탄소 이야기

어요. 아무리 적은 양이라도 방사선을 쪼인 양에 비례해서 암이 발생한다는 것을 대체로 받아들이고 있어요. 만성적인 영향이 나타나는 경우를 문턱값이 없다고 이야기를 한답니다. 그래서 방사선에 대처하는 방법의 원칙은 '합리적으로 할 수 있는 한 낮게'랍니다. 게다가 아직은 기술적으로 몇몇 특정 암을 제외하고는 방사선을 쪼여서 나타난 암인지 다른 원인에 의해 발생한 암인지 뚜렷하게 구별되지 않는다고 해요. 그러니까 아주 적은 양의 방사선을 쪼인 사람도 나중에 암이 발생할 수가 있지만 그 원인이 방사선에 의한 것인지 아닌지 입증할 수 없다는 거지요. 물론 공포괴담이 되어서도 곤란하겠죠. 이미 우리는 자연 방사선 이외에도 인공적인 여러 방사선을 쪼이며 살고 있으니까요. 또한 그렇기 때문에 가능한 적게! 를 지켜야겠죠.

## 방사선 피해는
## 왜 어린이들에게 더 많이 나타날까요?

어릴수록 몸의 세포들이 더 활발하게 분열하기 때문이랍니다. 세포나 조직의 종류에 따라 방사선에 대한 감수성, 다시 말해서 방사선에 대해 민감도가 달라요. 방사선에 매우 민감하게 반응하여 손상되는 세포도 있고, 같은 양의 방사선을 쬐더라도 손상을 덜 입는 세포가 있답니다. 보통은 세포가 왕성하게 분열할 때, 또는 세포가 아직 미분화되어 원시적인 상태일 때 방사능에 손상을 더 많이 입는답니다. "방사선에 대한 감수성이 높다"라고 할 수 있지요. 갓 태어난 아기들이나 어린이들의 세포가 대부분 활발하게 분열하는 단계예요. 실제로 어른과 어린이가 같은 정도로 넘어져서 무릎이 까졌을 때 아이들은 어른에 비해 훨씬 빨리 상처가 아물지만 어른들은 세포 분화 속도가 느리고 잘 분화되지 않기 때문에 상처가 오래 가지요. 그래서 어린이들은 어른에 비해 훨씬 더 방사선에 의한 피해가 큰 거예요.

또한 어린이가 아니더라도 인체 조직 중에서 일생 동안 분열하는 적혈구, 백혈구 등의 혈액 세포를 만드는 장기들은 방사선에 대한 감수성이 커서 세포가 파괴되거나 변형되어 혈액암이나 백혈병이 생기기도 해요. 눈의 수정체도 마찬가지죠. 늘 분열하고 있는 수정체 세포가 방사선에 쪼이면 수정체가 혼탁해져 시력을 잃거나 백내장이 발생하기도 한답니다.

어린이들이 방사선에 취약한 이유는, 면역체계가 아직 미성숙 단계이기 때문이기도 해요. 인간의 몸에는 위험이 닥쳤을 때 스스로 방어하는 어느 정도의 체계가 있답니다. 호르몬, 효소, 유전자 복구, 면역반응 등이 그런 역할을 담당하고 있어요. 하지만 어린이의 경우는 이러한 방어 체계가 성인에 비해 잘 작동하지 못하고 있답니다.

또 어린이는 어른에 비해 소화 흡수를 잘하고 또, 많이 해요. 통계를 보면 어린이는 체중 1kg 당 공기는 3배 정도 더 많이 숨 쉬고, 물은 7배 정도 더 많이 마셔요. 몸에 들어온 물질은 위나 장과 같은 소화기관에서 흡수되는데 흡수율이 높아서 어린이는 4시간 만에 소화가 되고 어른은 평균 6시간이 걸린답니다. 그러니까 어린이들은 방사능 등 오염 물질을 더 많이 먹고 더 빨리 흡수한다는 것이죠.

어린이가 방사선에 훨씬 더 위험한 이유는 어른에 비해 평균적으로 남은 생존 기간이 길기 때문이기도 해요. 살아있는 동안 뒤늦게라도 손상된 세포가 암으로 바뀌는 경우가 생길 수 있는 거죠. 방사선으로 인한 암 발생은 백혈병의 경우 어린이는 방사선에 피폭된 후 2년 이내에 대부분 발병하고 어른은 5년 후가 가장 많아요. 다른 암들의 경우는 대개 최소 10년 이상 수십 년이 걸리는데, 어른에 비해 어린 아이는 수십 년 후까지 생존할 가능성이 높으니 방사선으로 인해 암이 발생할 확률이 높아진다는 것입니다.

동물실험 연구에 의하면, 세슘-137의 감마선, X선, 중성자와 삼중수소에서 나오는 베타선을 어미 배 안쪽에 있는 새끼들이 쪼이면, 성인 동물에 비해 암 발생률이 3.5~5.3배 더 높았다고 해요. 실제로 원자폭탄 생존자들과 체르노빌 사고 희생자들을 보면 어린이와 청소년이 어른보다 암에 훨씬 많이 걸렸답니다.

## 피폭될 위험에
## 어떻게 대처하면 좋을까요?

일단 밖에 나가지 마세요. 창문도 열면 안 되고요, 환풍기를 돌려서도 안 돼요. 창문 틈이 새지 않도록 단단히 막으세요. 외부에 있다가 집안으로 들어오면 샤워를 하되 미지근한 물로 몸에 상처가 나지 않도록 조심히 하세요. 피부에 붙은 방사성 물질이 상처를 통해 몸 안으로 들어가면 안 되니까요. 어쩔 수 없이 외출해야 한다면 마스크를 꼭 착용하고 비옷을 입는 게 좋아요. 물론 돌아오고 난 다음에는 그 비옷을 버려야 하고요. 어린이들은 되도록 외출을 안 하는 게 좋아요. 창문 가까이에 오래도록 서 있지 마세요. 집안의 욕조 등 물을 받을 수 있는 곳에는 미리 물을 받아놓으세요. 방사능이 대기 중에 떠다니는 동안에는 수돗물도 마시면 안 돼요.

비나 눈이 내리면 정말 조심해야 해요. 대기 중에 떠다니던 기체 상태의 방사성 물질들까지 붙어서 내려오기도 하니까요. 비나 눈이 내리면 땅은 더 심하게 오염되지요. 그럴 땐 물웅덩이도 조심해야 해요. 그리고 마지막으로 하나 더. 피폭이 의심되면 방사선 피폭 전문 치료를 하는 병원에서 처방을 받으세요. 소문에 의하면 '요오드를 먹으면 괜찮아진다'고 하는데 그렇게 마구 먹다간 오히려 없던 갑상샘 암에 걸릴 수도 있어요. 요오드도 반드시 처방을 받아서 복용해야 한답니다.

# 05

# 생물농축으로 태어난 괴물, 고질라

온몸이 뿔투성이인 파충류 공룡이

방사능 화염을 뿜어대며 도시를 파괴하고 있어요.

그런데 이 괴물, 해부도를 보니 재밌네요.

핵분열의 원료로 쓰이는 우라늄과 핵반응로까지

순서도 뒤죽박죽, 특이한 장기로 꽉 차 있거든요.

여기서 만든 높은 열로 방사능 화염을 뿜어내며

적을 물리치고 있었던 것입니다.

누구냐고요?

영화 〈고질라〉의 주인공입니다.

## 우라늄을 소화시키는 위라니
## 무시무시한데요?

일본에서 만들어진 괴물 영화 〈고질라〉는 전 세계적으로 굉장한 인기를 끌었어요. 우리나라에는 2000년에야 개봉되었지만 훨씬 이전부터 지금 우리나라 부모님 세대의 어릴 적 로망이었던 괴물이죠.

영화 〈고질라〉가 제작되던 1954년은 미국이 태평양 한가운데 있던 비키니 섬에서 공개적으로 핵폭탄 실험을 했던 때이기도 합니다. 당시 미국이 터트린 수소폭탄은 히로시마에 떨어진 원자폭탄보다 훨씬 더 큰 위력을 지닌 것으로, 섬 주민들과 그곳에서 조업 중이던 일본 원양어선의 선원이 방사능에 피폭

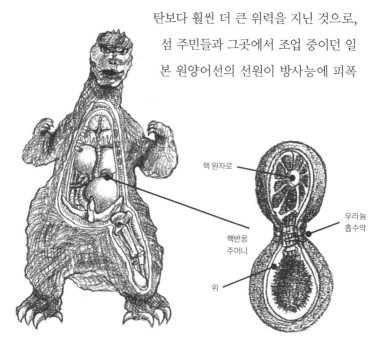

핵 원자로

우라늄
흡수막

핵반응
주머니

위

되는 피해를 입히게 되죠. 몇 년 전 겪은 원폭 피해가 여전히 생생한 일본인들은 이 사건으로 큰 충격에 빠지게 됩니다. 〈고질라〉의 감독 이시로 혼다는 이 비키니 섬의 핵폭탄 실험에서 힌트를 얻어 원자력으로 에너지를 얻는 괴물을 탄생시키죠. 괴물은 방사능과 불길을 뿜으며 도쿄를 공격해요. 비키니 섬에는 1946년부터 총 23회에 걸쳐 핵폭탄 실험이 실시된 탓에 섬의 생태계를 비롯하여 많은 부분이 방사선과 방사성 물질에 오염되어 파괴되었답니다. 이러한 핵폭탄 실험으로 다량의 방사선에 노출된 해양 생태계 바다 속에서 괴물 고질라가 탄생하게 되었다는 설정을 하게 됩니다.

### 후쿠시마 원전에서 흘러나온 방사성 물질도 바다에 영향을 줄까요?

그럼요. 단순히 바닷물을 오염시키는 문제가 아니에요. 바다에 들어간 방사성 물질이 바다 생물 몸속에 쌓이게 되는 게 문제지요. 그리고 그 피해는 그걸 먹은 생물 하나에게만 적용되는 게 아니라 생태계 먹이사슬을 따라 돌고 돌죠.

### 바다는 넓으니까 오염 물질이 들어가도 희석되지 않을까요?

희석되지요. 그렇지만 바닷물 속에 섞인 오염 물질이 해양 생태계 먹이사슬을 따라 계속 전달되다 보면 생물의 체내 농도는 점점 증가해요. 먹이사슬을 따라 분해되지 않는 방사성 물질이나 중금속이 전달되며 쌓이거든요. 이런 걸 '생물농축'이라고 해요.

## 생물농축이요?

조금 어려운 말일 수도 있으니 예를 들어 볼게요.

바닷물 속 분해가 어려운 오염 물질의 농도 단위를 1이라고 가정해 볼게요. 먹이사슬의 가장 낮은 단계에 있는 1차 생산자인 플랑크톤은 하루 종일 바닷물을 빨아들였다 내보내는 일을 반복하면서 오염 물질을 먹어요. 플랑크톤이 분해되지 않은 오염 물질 10을 먹었다고 해보죠. 그런 플랑크톤을 작은 물고기나 조개들이 잡아먹어요. 그 녀석들도 플랑크톤을 10개를 먹었다고 해보죠. 작은 물고기나 조개들의 중금속 오염 농도는 처음보다 벌써 10×10=100배가 되었어요. 이 녀석들을 다시 꽃게가 10마리 먹었다고 해봐요. 1,000배로 오염되겠지요. 이런 꽃게 10마리를 더 큰 물고기가 먹으면 10,000배, 이런 더 큰 물고기 10마리를 더욱 더 큰 물고기가 먹으면 100,000배, 이 더욱 더 큰 물고기를 먹고 사는 사람에게는 1,000,000배의 오염 농도가 축적되는 것이랍니다.

이런 식으로 오염 물질이 분해되거나 배설되지 않고 체내에 쌓이면서 먹이사슬의 단계를 따라 올라가 농도가 급격하게 증가하는 현상을 '생물농축'이라고 해요.

생물농축에 대해 전 세계인들에게 경각심을 준 사람이 있어요.

레이첼 카슨이란 사람이지요.

## 《침묵의 봄》을 쓴 레이첼 카슨이요?

맞아요. 레이첼 카슨은 《침묵의 봄》이란 책을 통해 최초로 DDT라는 살충제의 생물농축을 고발했어요. 레이첼 카슨이 살던 1950년대에는 전염병을 옮기는 모기를 없애기 위해 비행기를 이용해 숲속에 DDT를 뿌려대던 시기였죠. 위험이 알려지지 않았던 때라 사람들은 논밭이고 숲이고 몸이고 마구 뿌렸죠. 그러던 어느 날 레이첼 카슨은 친구인 한 조류학자로부터 한 통의 편지를 받아요. 아무래도 DDT 때문에 기르던 새들이 죽은 것 같다는 내용이었죠. 이 일로 레이첼 카슨은 살충제 사용의 위험에 대해 조사하게 되죠. 그 결과 DDT가 맹독성 물질이었으며, 작은 곤충을 죽이기 위해 시작한 일이 먹이사슬을 통해 모든 생물체에 축적되어 생태계 전체로 퍼져나간다는 사실을 밝히게 돼요. 이들 물질은 자연환경에서 쉽게 분해되지 않는 성분들이었어요. 이 책에는 이런 글이 있어요.

소름끼치는 침묵, 재잘거리던 새들은 다 어디로 갔을까?
봄이 왔지만 아무도 봄을 기쁨으로 맞지 못한 채
온통 짙은 죽음의 그림자만이 드리워져 있는 이곳,
이곳의 죽음의 침묵은 바로 인간들 자신에 의한 것.

레이첼 카슨이 고발한 DDT의 피해는 우리나라도 예외는 아니었어요. 1950년대에는 도시든 농촌이든 널리 사용했죠. 1970년대 중반 대부분의 국가에서 DDT 사용을 금지시키기 전까지 말이에요. 2009년에 도시 및 농촌 지역의 성인과 어린이들을 대상으로 조사를 한 적이 있는데 조사한 사람들 중 23%가 몸에서 DDT가 검출되었다고 해요. DDT가 우리나라에서 사용이 금지된 지 38년이나 흘렀는데도 말이죠. 그만큼 생태계 내에 한번 축적된 DDT는 쉽게 없어지질 않는답니다.

### 정말 끔찍하네요!

문제는 생물농축의 비극이 비단 바다에서만, 땅에서만 일어나는 일이 아니라는 데 있어요. 사진을 한번 보세요. 마치 미켈란젤로의 피에타 상 같지 않나요? 십자가에서 처형을 당한 아들 예수를 안고 있는 마리아의 모습 말이에요. 이 사진은 메틸수은 중독으로 신경계가 손상되어 사지가 뒤틀리는 미나마타병을 앓고 있는 아들을 어머니가 목욕을 시키고 있는 모습이랍니다. 미나마타병도 생물농축이 원인이에요.

1956년, 일본 미나마타시에서 메틸수은이 포함된 조개와 생선을 먹은 주민들에게 미나마타병이 발생했어요. 문제가 된 메틸수은은 인근 신일본질소화학비료주식회사 미나마타 공장에서 정화하지 않고 배출한 것이었어요. 그 사건이 벌어졌을 당시 미나마타 해변 바닷물의 메틸수은의 농도는 0.001ppm 이하였죠. 하지만 물고기의 몸속에는 10,000배 이상인 5~40ppm의 높은 농도로 축적되었고, 사람의 몸속에는 100,000배 이상의 높은 농도로 축적되었답니다. 결국 미나마타에 사는 많은 사람들이 신경계 장애 증상을 겪게 되었지요. 수은, DDT 뿐만 아니라 방사성 물질도 이런 식으로 먹이사슬을 따라 생태계 안에서 농축되게 된답니다.

### 후쿠시마 발전소 앞바다도
### 생물농축이 걱정이네요.

그러게요. 후쿠시마 앞바다를 통해 원전 사고 직후부터 지금까지 방사성 오염 물질은 매일 태평양으로 흘러들어가고 있어요. 이 방사성 오염 물질이 해양 생태계에 어떤 영향을 미치게 될까요? 또 먹이사슬의 가장 꼭대기에 있는 우리 인간에게는 어떤 작용을 하게 될까요?

후쿠시마 원자력 발전소 사고가 난 5개월 뒤, 미국의 서부 지방에 인접해 있는 태평양 연안인 샌디에이고 부근 바다에서 잡은 어린 참다랑어 15마리의 세포 조직을 검사한 실험이 있었어요. 그리고 거기서 방사성 물질인 세슘-134와 세슘-137이 검출되었답니다. 이 연구 조사는 미국 스토니브룩 뉴욕 주립대와 스탠퍼드대 해양 생물 연구팀이 실시를 했다고 해요. 연구팀의 조사에 의하면, 세슘-134는 후쿠시마 원자력 발전소 사고 이전에는 해양에서 발견된 적이 없었던 방사성 물질이었대요. 혹시 이 세슘-134, 137이 바람을 타고 대기를 통해 바다로 떨어졌을지도 모르기 때문에 연구팀은 후쿠시마 원자력 발전소 사고 이전에 잡힌 참다랑어와 태평양과 접해 있지 않은 미국 동부 해안에서 잡힌 다른 종의 다랑어의 세포를 비교 분석해 보았답니다. 하지만 여기에서는 세슘-134는 발견되지 않았다고 합니다. 결국 연구팀은 세슘-134, 137이 검출된 참치는 일본 남쪽 해안에서 태어나 후쿠시마 원자력 발전소 부근에서 방사능에 오염된 크릴새우 등을 먹이로 먹고 태평양 바다를 헤엄쳐 건너왔을 거라고 결론 내렸어요. 약 1만km를 헤엄쳐 미국에까지 오는 동안 후쿠시마에서 막 알에서 깨어난 참치는 어린 참치로 성장했지만 그동안 체내에 들어온 방사성 물질이 다 배설되지 않았다는 것을 추측해 볼 수 있겠지요.

고질라도 어쩌면 바닷속에 사는 평범한 어류 중 하나였는지 몰라요. 해마처럼 작고 귀여운 아이였는지도 모릅니다. 생물농축 때문에 엄청난 양의 방사성 물질이 몸 안에 쌓이면서 우라늄을 먹고 에너지를 만들어내는 특이한 생명체가 되었을지도요.

지구 생활자를 위한 핵, 바이러스, 탄소 이야기

## 그나저나 아름다운 섬 비키니에는
## 언제쯤 사람들이 다시 살 수 있나요?

글쎄요. 장담하기 힘들어요. 아직까지도 그곳은 사람들이 자유롭게 드나들 수 있는 곳이 아니랍니다. 1946년부터 총 23회에 걸쳐 핵폭탄 실험이 실시된 탓에 섬의 생태계를 비롯하여 많은 부분이 파괴되었기 때문이지요. 생태계가 복원되려면 긴 시간이 필요해요. 방사성 물질이 여전히 남아있기 때문이지요. 방사성 물질은 없어지는 데 정말 오래 걸리거든요.

방사성 물질은 정해진 시간이 흐르면 원래 있던 양의 절반이 다른 물질로 변환하는 성질이 있어요. 예를 들어 강당에 1학년, 2학년, 3학년이 각각 160명씩 있다고 해봐요. 지도 선생님은 학생들이 한꺼번에 나가면 혼잡하니 각 학년마다 정해진 시간이 되면 딱 절반씩 밖으로 내보내기로 하죠. 1학년은 10분마다 절반씩 나가고, 2학년은 5분마다, 3학년은 1분으로 정했죠. 1학년의 경우, 10분이 지나면 80명이 밖으로 나가게 돼요. 그 다음 10분이 지나면 40명이 나가게 되고, 또 10분이 지나면 20명, 그 다음은 10명, 5명… 식으로 나가게 되지요. 2학년은 어떨까요? 5분마다 이런 일이 진행되겠지요. 3학년은 1분마다 절반씩 줄어들고요.

방사성 물질도 이런 식이에요. 원래 있던 양이 절반으로 줄어드는 데 필요한 자신만의 고유한 시간이 있답니다. 이런 걸 반감기라고 해요. 방사성 물질의 반감기는 인간의 수명에 비해 훨씬 더 긴 경우가 많아요. 그러니 우리가 살아있는 동안 방사성 물질이 줄어드는 걸 보기란 쉽지 않죠.

### 방사성 물질의 반감기는
### 대략 어느 정도예요?

세슘은 반감기가 30년이거든요. 원래 있던 양의 절반으로 줄어드는 데 30년이 걸린다는 뜻이죠.

### 방사성 물질을 배설할 수만 있다면
### 괜찮지 않을까요?

조금이라도 몸 밖으로 배설된다면, 좋겠지요. 하지만 배설이 잘 안 된답니다. 체내에 들어간 방사성 물질이 반감기를 지나며 핵분열이 일어나는 동안 방사선에 영향을 받게 되겠지요.

### 후쿠시마 발전소 사고가 났을 때
### 사람들이 미역국을 많이 먹었다던데, 왜 그랬나요?

인체에 잘 흡수되어 피해를 많이 준다고 알려진 요오드-131의 경우, 반감기가 8일이에요. 배설되는 기간을 고려하면 반감기는 7.6일로 비교적 짧은 편이죠. 하지만 1986년 구소련의 체르노빌 원전 사고 당시, 가장 많이 인체에 영향을 주었다고 해요. 요오드-131이 인체에 들어오면 내부 장기에 100% 흡수되는데 특히 목

지구 생활자를 위한 핵, 바이러스, 탄소 이야기

부근에 있는, 호르몬을 분비하는 갑상샘에 24시간 내 20% 정도 흡수된답니다. 갑상샘은 호르몬을 만들기 위해 요오드-127을 축적하는 성질이 있거든요. 그래서 방사선 사고가 나면 방사선 요오드가 갑상샘에 축적되지 않도록 일반 요오드로 갑상샘에 필요한 양을 채우는 게 도움이 된다고 해요. 그래서 후쿠시마 사고가 났을 때 사람들이 미역을 그렇게 많이 먹은 거래요. 미역에는 요오드가 많이 들어가 있거든요. 물론 미역을 먹는 정도로는 갑상샘에 필요한 요오드를 모두 채울 수 없지만 그래도 기분에 많이 드셨나 봐요.

### 세슘, 스트론튬은
### 몸에서 어떤 일을 일으키나요?

세슘-137에 대한 이야기가 심심치 않게 신문에 등장하지요. 세슘-137은 반감기가 30년이고, 배설해서 줄어드는 양을 포함시키면 반감기가 108일 정도 된답니다. 물에 잘 녹기 때문에 섭취되면 100% 장내 흡수되죠. 특히 근육 세포에 영향을 주는 칼륨과 화학적으로 비슷해서 몸에서 칼륨처럼 행동한답니다. 그래서 세슘-137은 근육에 주로 모여 식도암, 위암, 폐암 등을 일으키죠. 응급약인 프러시안 블루를 먹으면 배설을 좀 더 빠르게 시킬 수 있다고 합니다.

스트론튬-90의 경우는 반감기 28년이고 배설까지 고려하면 반감기가 16년 정도 됩니다. 스트론튬-90는 화학적으로 칼슘과 비슷해서 몸 안에 칼슘을 필요로 하는 곳, 즉 뼈에 장기간 달라붙어 뼈암 및 백혈병 등 골수암을 일으킬 수 있다고 합니다.

### 그나저나 고질라의 운명은
### 어떻게 되었어요?

고질라를 연구하던 젊은 과학자가 고질라의 원자력을 파괴할 막강한 방법을 찾아내요. 하지만 이 연구가 새로운 무기로 변질될 것을 우려한 과학자는 고질라와 함께 자폭을 하고 영화는 막을 내리지요. 인간의 핵폭탄 실험으로 깨어나게 된 괴물 고질라, 그리고 그 괴물과 함께 파괴적인 힘을 영원히 수장시켜야 한다고 결연하게 죽음을 선택한 과학자, 원자력 시대의 슬픈 주인공들입니다.

# 06

# 아이언 맨,
## 핵융합은 가능할까?

매력 넘치는 백만장자 플레이보이 천재 발명가가 있었습니다.

그는 자신이 발명한 로봇 슈트에 무기를 장착하고

위기에 빠진 지구를 구하기 위해 하늘을 멋지게 날아오릅니다.

벌써 눈치채셨겠지요?

테러 조직, 부패한 정치인들과 기업가들과 싸움을 벌이는

슈퍼 영웅 아이언 맨, 토니 스타크입니다.

## 가슴에 붙인 동그란 장치는 뭐예요?

소형 원자로랍니다. 영화 〈아이언 맨〉에서 주인공 토니 스타크는 무기제조회사인 '스타크 인더스트리'의 CEO이자 천재 공학자인데 테러리스트들에게 납치되었다가 가슴에 파편이 박히는 사고를 당하지요. 파편은 혈액을 타고 심장에 박힐 수 있는 심각한 상황이었어요. 과학자들은 그의 가슴에 소형 전자석을 달아 파편을 붙잡아 두기로 해요. 그리고 이 전자석을 작동시키기 위해 자동차 배터리를 몸에 부착하고요. 하지만 주인공이 누구입니까? 천재 공학자이죠. 토니 스타크는 전자석의 전력원을 자동차 배터리에서 '소형 원자로'로 바꾼답니다. 그리고 '아크 원자로'라고 이름을 붙이죠. 이건 보통의 원자로랑 달랐어요. 일반적으로 원자로라고 하면 우라늄이나 플루토늄을 '핵분열' 시켜서 얻은 에너지를 쓰는 데 비해, 토니 스타크가 만든 원자로는 '핵융합'으로 에너지를 얻었으니까요.

## 핵융합이라니 그게 가능해요?

그러니 영화죠. 아직까지는 영화에서나 가능한 이야기지만 과학자들은 핵융합 발

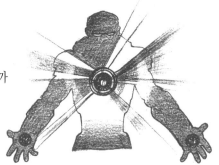

전이 새로운 에너지 시대를 열 수 있을 거라고 기대하고 있어요. 현재 사용되고 있는 '핵분열' 발전은 그 과정에서 상당한 양의 방사선과 폐기물을 만들지만, '핵융합' 발전은 그보다 훨씬 적은 방사선과 폐기물을 만들기 때문이지요. 토니 스타크의 가슴에 소형 원자로를 붙이게 된 것도 그런 이유예요.

## 핵융합으로
## 어떻게 에너지를 만들 수 있어요?

높은 온도와 압력에서 원자핵 2개가 충돌해 합쳐지면, 원래보다 더 무거운 원자핵 1개로 변해요. 그때 질량이 줄어드는데, 그만큼의 에너지가 전기로 바뀔 수 있어요. 그러려면 핵분열 원자로에서 쓰는 것과는 다른 재료를 써야 합니다. 과학자들은 그 힌트를 태양의 핵융합에서 얻고 있어요.

## 태양이 핵융합을 해요?

그럼요. 태양이야말로 거대한 핵융합 발전소나 다름없는 걸요. 태양에서 뿜어져 나오는 열과 빛으로 지구의 모든 생명체가 에너지를 얻고 있어요.

태양에서는 수소들이 결합해서 헬륨을 만드는 핵융합 반응을 통해 에너지가 끊임없이 생산되고 있어요. 물론 이런 반응이 일어나려면 온도와 밀도가 굉장히 높아야 해요. 태양핵의 중심부는 온도가 1,500만K이고, 밀도는 금이나 납의 10배 가까이 된다고 합니다.

수소의 양성자 2개가 붙어서 헬륨 원자핵으로 융합되는 과정은 이래요. 원자의 핵 속에 있는 양성자들은 같은 전기를 띠고 있어서 서로 밀어내는 힘이 강합니다. 그러니 합쳐지기가 여간 힘든 게 아니죠. 하지만 아주 가까이, 정말 아주 가까이, 그러니까 $10^{-15}$m까지 다가가게만 할 수 있다면 그 순간은 밀어내는 척력보다 핵력의 힘이 더 강하게 작동해서 '철커덕!' 하고 양성자들끼리 붙여버리게 만들죠. 핵력은 세상에 존재하는 가장 강한 힘이라고 해요. 그렇게 수소의 양성자 2개가 붙어서 헬륨 원자핵으로 융합되는 거랍니다.

**수소가 헬륨이 된다니 재밌네요.**

그나마 수소니까 핵융합이 잘 일어나는 거랍니다. 수소는 원자들 중에서도 양성자의 수가 가장 적어서 서로 밀어내는 힘도 가장 작기 때문이지요.

**우리도 실험실에서**
**핵융합을 할 수 있다면 좋겠어요.**

그렇긴 해요. 하지만 쉽지 않아요. 태양처럼 엄청난 온도와 밀도를 실험실에서 구현하기란 쉬운 일이 아니거든요. 적어도 1억℃

정도의 높은 온도가 필요해요. 그래야 수소 원자에서 전자와 원자핵이 분리되거든요. 수소는 +전기를 가지고, 전자는 -전기를 띤 채 말이죠. 이런 상태를 '플라즈마'라고 하는데, 플라즈마 상태에서 입자는 엄청나게 빠른 속도로 운동하다가 양성자들의 척력이 약해진 틈을 타고 철커덕, 쾅, 핵융합이 일어나죠.

### 1억 도요?
### 그렇게 높은 온도를 실험실에서 만들 수 있을까요?

바로 그게 문제예요. 1억 도가 넘는 고온의 플라즈마 물질을 담아둘 핵융합로를 만드는 게 쉽지 않거든요. 이론은 있지만 현실은 감당하지 못하는 거죠.

그래서 사람들이 생각해낸 건 '지구의 자기장'이었어요. 지구의 자기장은 우주에서 날아오는 플라즈마를 막아내는 능력이 있거든요. 자기장 안에서는 전기를 띤 입자가 일정한 방향으로 움직이잖아요. 장난감 자동차의 모터 내부를 보면 예쁘게 감긴 코일 뭉치가 자석 안쪽에서 빙글빙글 돌고 있는 것처럼요. 과학자들은 여기서 힌트를 얻어 플라즈마 입자를 실험 용기에 담지 않고 자기장을 만들어 실험 용기에 띄워놓는 방법을 고안해냈어요. 플라즈마 상태의 입자들이 바닥으로 내려오지 않도록 전기장의 방향을 맞추면, 그 안에서 플라즈마 상태의 -전자나 +의 원자핵들은 아주 빠른 속도로 자기장 안을 둥둥 떠서 빙빙 돌며 운동을 합니다. 그러다가 +전하를 가지고 있는 원자핵이 충돌하여 핵융합을 일으키게되는 것이지요. 일종의 플라즈마의 공중부양인 셈이지요.

현재 가장 인기가 많은 핵융합 반응로의 모양이 속이 빈 도넛모양으로 된 것인데, 러시아 말로 "도넛 모양을 한 자기장 그릇(Тороидальная камера с магнитной катушкой)"의 첫 글자를 따서 "토카막"이라고 한답니다. 세상에서 가장 뜨거운 물질을 담을수 있는 그릇의 대명사가 되었지요. 토카막. 하지만 여전히 핵융합은 희망 사항일 뿐 오래도록 연구 중인 실험실 안의 세상에서나벌어지는 일이에요. 현재까지 플라즈마 상태를 연구용 핵융합로안에서 가장 길게 만든 시간이 20초로, 2020년 우리나라 연구진들이 2만5천여 회의 실험 끝에 이루어냈다고 해요. 대단하죠. 세계 최장 시간이에요. 하지만 약 300초 정도는 되어야 꽝, 철커덕반응을 기대해 볼 수 있다는데…….

## 아이언 맨의 특수 장치가
## 1억 도가 넘으면 어떻게 심장에 붙이고 다녀요?

그래서 영화지요. 토니 스타크의 가슴에서 신비한 푸른빛을 내는 낮은 온도의 핵융합 원자로는 아직까지 상상의 물건인 거죠. 하지만 이러한 상온 핵융합을 과학자들은 끊임없이 연구하고 시도하고 있어요. 이때까지 몇몇 과학자들이 학회지에 실험이 성공했다고 발표하기도 했지만, 결과가 거짓인 것으로 들통이 나 세계적으로 유명한 웃음거리가 되기도 했어요. 어쨌든 그만큼 핵융합은 과학자들이 정말 이루고 싶은 성과 중에 하나라는 뜻이기도 하겠지요. 지금도 어디선가 '상온 핵융합로 실험'들이 시행되고 있어요. 만약 성공한다면 정말 대박이겠지요.

**우리도 아이언 맨의**
**소형 원자로를 가질 수 있다면 좋겠어요.**

글쎄요? 그런데 아이언 맨 3편에서는 토니 스타크는 자신의 소형 원자로를 바다에 던지고 이야기를 끝을 냅니다. 바다로 떨어진 소형 아크 원자로가 또 다른 후편을 만들기 위한 감독의 계산된 행동인지도 모르겠지만, 부담이 엄청나게 큰 과학기술, 즉 위험한 과학기술을 어떻게 우리 사회가 처리해야 하는지를 보여준 것은 아닐까요? 마치 영화 〈반지의 제왕〉이 절대반지를 화산의 분화구 속에 다시 집어넣으려고 했던 것처럼요. 하긴, 프로도는 마지막 순간에 반지의 유혹에 넘어갔었죠. 어쩌면 우리 사회도 프로도와 같은 심정으로 갈등하고 있는지도 모르겠군요.

# 후쿠시마에서 온
# 어부들의 이야기

바다로 떨어지는 낙조는 여느 때처럼 아름다웠다. 바다는 잔잔했고 노을은 그 바다에 물들어갔다. 아름다운 풍경과 달리 선장 마에다 씨의 마음은 한없이 무거워져만 갔다. 그는 3대째 이곳에서 가업을 이어 어부의 삶을 살고 있다. 10년이 걸렸다. 바다에 나가 잡아온 모든 해산물을 제한 없이 팔 수 있게 되기까지. 그동안 젊은이들은 마을을 떠났다. 물고기를 잡을 수도 없고 잡아도 팔수 없는 고향에 남아 가업을 잇는 젊은이가 있는 게 오히려 이상한 일이다. 10년 전 그날 마에다 씨는 7척의 배 중 4척을 잃었다. 그러나 잃어버린 4척의 배는 그가 잃은 것들 중 작은 것이었다.

10년 전 2011년 3월 어느 날 점심이 막 지난 즈음이었다. 일본 역사상 가장 강한 지진이 발생했다. 규모 9. 지구의 자전축까지 흔들렸다고 한다. 그리고 강력한 지진은 바다를 흔들어 쓰나미를 일으켰다. 바닷물은 해안가의 마을로 무서운 속도로 밀려들었다. 해안가 마을은 물에 잠기고 쓸려나갔다. 또 다시 더 높은 키의 쓰나미가 해안을 덮쳤다. 동일본의 태평양 연안은 성난 바다에 속수무책이었다. 불행은 여기서 멈추지 않았다. 일본 동쪽 해안의 후쿠시마현에는 원자력 발전소가 있었다. 쓰나미로 원자력 발전소의 전원이 끊겼다. 비상용 디젤발전기가 원자로를 냉각시키고 있었는데, 이마저 바닷물에 잠겨 모든 전원이 사라지고 말았다. 어떤 냉각장치도 가동되지 않는 상황. 핵분열반응으로 만들어진 세상에서 가장 강력한 열에너지는 핵연료 봉을 녹여버렸다. 멜트다운, 그리고 수소 폭발이 일어났다. 방사성 물질이 인근 지역과 바다로 흘러들어갔다.

대지진과 쓰나미 연이어 후쿠시마 원자력 발전소의 사고, 그 후 10년은 깨어날 수 없는 악몽이었다. 다량의 방사성 물질로 오염된 바다. 그 바다에 사는 물고기에서도 방사성 물질이 발견되었다. 어부들은 배를 띄우지 않았다. 잡아도 팔 수 없는 해산물들이었다. 해산물 경매로 시끄러웠던 시장은 괴괴하기만 하다. 사고 1년 뒤 시험 조업이 시작되고 문어나 일부 어패류에 대한 조업금지가 풀렸다. 그러다 다시 시험 조업조차 금지되는 일이 생겼다. 후쿠시마 제1원전 전용 항구에서 포획된 쥐노래미에서 일본 식품 기준치의 7400배나 되는 높은 방사성 세슘(1kg당 74만 베크렐)이 검출됐기 때문이다. 도쿄 전력 측에서 후쿠시마 원전에 보관 중이던 방사능 오염수가 대거 바다로 흘러들어간 사실을 시인했다. 어부들은 살기 위해 가능한 먼 바다로 나가야 했다. 다른 바다에서 살다 다시 후쿠시마로 돌아오는 회유성 어종인 참치, 방어, 꽁치 등을 잡기 위해서였다. 잡아왔어도 후쿠시마 산이라는 딱지가 붙으면 시장에서 철저히 외면당했다. 그렇게 버텨온 10년이었다. 그리고 2020년 모든 해산물에 대한 금지가 해제되었다. 후쿠시마 어촌 마을은 서서히 악몽에서 깨어나고 있었다. 물론 여전히 시장에서의 반응은 싸늘했지만 한 달에 10번은 바다에 나가 각종 해산물을 제한 없이 잡아 올릴 수 있었다. 그런데 2021년 일본 정부는 사고가 난 원자력 발전소에 보관 중이던 방사성 오염수를 바다에 방류하기로 결정하였다.

"10년 걸렸습니다. 여전히 후쿠시마 산이라는 딱지는 시장에서 혹독한 평가를 받고 있지만, 그래도 바다에 나갈 수 있고, 물고기를 잡을 수 있습니다. 시간이 좀 더 지나면 후쿠시마 산이라는 낙인도 흐려질 것이라고 믿습니다. 여기가 제 고향이고, 이것이 제 직업인데 제가 어디로 가서 무엇을 하겠습니까?"

선장 마에다 씨는 정부에서 주관한 오염수 방류 설명회에 다녀오는 길이라고 했다.

"10년을 참고 견뎌왔는데, 저들은 두터운 서류 더미를 던져주고 '봐라, 방류는 안전하다'며 오염수를 방류하겠다고 합니다. 뭐, 처리를 해서 방류하기 때문에 오염수의 방사능 수치는 허용치 안에 있

을 것이라고 하는데, 그걸 믿는 사람이 몇이나 되겠어요? 믿는다고
해도 후쿠시마 바다에서 난 해산물을 사가는 사람이 있을까요? 문
제가 없다면 왜 10년 전에는 바다에 버리지 않았나요? 10년 전에
할 수 없던 일이 지금은 해도 되는 일이 되어버린 거잖아요. 이 두
터운 서류 더미가 방사능을 줄이기라도 한다는 건지……."

그의 처진 어깨 뒤로 가로수에 묶인 현수막이 보인다. 매달린
현수막도 힘겨워 보인다.

'오염수 방출 반대, 바다는 도쿄전력의 것이 아니다.'

### 왜 오염수를
### 바다에 버린다는 거예요?

2021년 12월 기준 후쿠시마 제1원자력 발전소 내 탱크에 약
128만 5000톤의 방사능 오염수가 저장되어 있어요. 방사능 오염
수는 2011년 당시 가열된 원전을 식히기 위해 바닷물을 끌어들이
면서 발생하기 시작했지요. 뿐만 아니라 산에서 하루 수백 톤의
지하수가 흐르고 있어요. 이 지하수가 또 멜트다운 상태의 원자
로가 있는 지역을 통과하면서 또 방사능 오염수를 만들어내고 있
어요. 그래서 후쿠시마 발전소 부지에는 이 오염수를 모아놓은
1000여 개의 대형 수조로 가득 차 있어요. 2013년에는 태풍의 영
향으로 오염수가 급격하게 증가하여 바다로 일부를 방출하기도
했어요. 2021년 2월에는 후쿠시마 앞바다에서 다시 규모 7.3의 강

진이 발생하여 연료봉을 저장하고 있는 수조의 물이 넘쳐흐르기도 했어요. 그 이후에도 이런 저런 예기치 못한 실수와 사고로 오염수는 바다로 흘러가고 있어요. 휴.

오염수 저장 공간은 2022년이면 더 이상 보관할 수 없을 정도로 가득 찰 것이라고 해요. 일본정부는 여러 종류의 방사성 물질을 제거하는 시설인 알프스(ALPS)로 오염수에 섞여 있는 방사성 물질을 걸러낸 뒤 바다에 방류를 할 것이라고 하네요. 그렇지만 알프스로도 제거할 수 없는 삼중수소(트리튬)는 기준치의 40분의 1 이하로 농도를 묽게 해서 그냥 내보낼 거라고 해요. 걸러내고 희석했으니 이제 이 물은 더 이상 오염수가 아니라는 게 일본정부의 입장이에요. 아무리 방사성 물질을 희석한다고 해도 방사성 물질의 총 양이 줄어드는 것은 아니잖아요. 바다로 흘러들어간 방사성 물질을 스스로 반감기를 지나며 붕괴하여 안정화될 때까지 바다에 남아있을 거예요. 삼중수소의 반감기는 12년이고, 일부 섞여 있는 탄소-14의 반감기는 5730년이에요. 바다 속으로 흘러간 방사능 물질은 최대 5730년간이나 바닷속에 타이머가 부착된 폭탄으로 째깍째깍 터질 날만 기다리고 있는 거죠. 육지에 별도의 부지를 마련해서 보관하는 방법도 있을 거예요. 후쿠시마 원자력 발전소 사고의 피해 범위를 최대한 줄이는 게 맞지 않나요? 모두의 바다에 오염수를 버려서는 안 된다고 생각합니다.

설마설마하는 방류는 2023년 시작될 것이라고 합니다.

## 오염수 말고,
## 멜트다운이 일어난 원자로는 수습이 되었나요?

아뇨, 후쿠시마 원자력 발전소의 사고는 10년이 지난 지금도 여전히 현재진행형입니다. 사고 당시 연료봉이 장착되어 있지 않았던 4호기의 연료봉을 옮기고, 3호기의 수조 속에 보관되었던 핵연료는 옮겼지만, 녹아내린 연료봉을 제거하는 작업은 시작도 하지 못하고 있어요. 그 곳은 방사능 오염이 심하여 사람이 1시간 정도 머물면 사망할 정도랍니다. 일본정부는 40년 내 후쿠시마 사고 수습을 이야기하고 있지만, 실현되기 힘든 약속 같아요. 오염된 후쿠시마 주변 토양을 복구하는 작업도 이루어지지 않고 있어요. 사실상 오염된 전체 토양을 걷어내는 일은 불가능하다고 하네요. 그런데도 일본은 마치 후쿠시마 문제가 다 해결된 것처럼 국제사회에 발표하고 있어요. '후쿠시마 10년이 지났다. 이제 후쿠시마는 새로운 단계에 접어들었다.'(COP26 회의장 일본관 홍보 포스터)

### 후쿠시마의 악몽은 언제 끝날까요?

어쩌면 우리가 부족함 없이 풍부한 물질, 편리한 생활, 끝없는 경제 성장이라는 꿈에서 깨어나지 않는 한 악몽은 끝나지 않을 지도 모르겠어요. 또 다른 후쿠시마가 생기지 말라는 약속은 어느 누구도 해줄 수 없으니까요.

## 세계적으로 원자력 발전소는
## 어떤 상황인가요?

후쿠시마 사고 이후 전 세계에서는 원자력 사용 중단의 목소리가 높아졌어요. 유럽을 중심으로 신규 원자로 건설 중단, 원자로 사용 연한 연장 금지와 원자로 폐로의 흐름이 일어났습니다. 우리나라에서도 사용기한이 지난 월성 1호기에서 연료봉을 꺼내어 영구 중지시켰어요. 건설 중이던 신고리 5, 6호기를 계속 지어야 할지, 아니면 건설을 중단해야 할지의 결정은 공론화위원회에 맡겼어요. 일반 시민들로 구성된 공론화위원회는 전문가들을 불러 이야기를 들으며 논의하는 시간을 가졌어요. 결론은 건설을 이미 시작한 신고리 5, 6기는 계속 짓기로 했어요. 단, 원자력 발전을 축소하는 방향으로 에너지 정책을 추진하라는 권고안도 함께 발표를 했지요. 이후 신규 원자력 발전소들의 건설 계획은 취소가 되었어요. 2021년 기준으로 신규 원자력 발전소의 건설은 중단하고, 수명이 다한 원자력 발전의 경우 가동 기한을 연장하지 않고 폐로를 한다는 정책방향을 유지하고 있어요.

원자력 발전소가 추가로 건설되지 않았지만 전력 부족 사태는 일어나지 않았어요. 재생에너지의 시장이 엄청나게 빠른 속도로 성장했어요. 후쿠시마 사고뿐만 아니라 기후 위기에 대한 인식이 확대되었기 때문이에요. 2021년 세계원전산업동향보고서(WNISR)에 따르면 2020년 태양광 균등화 발전 단가(LCOE)는 37달러/메가와트시(MWh), 원전은 163달러/MWh라고 해요. 원자력이 태양광에 비해 4배 이상 균등화 발전단가가 비싸다는 거예요. 또, 태양광의 단가는 계속 내려가고 있고, 원자력의 경우는 증가하고 있어요. 균등화 발전단가는 발전하는 데 드는 모든 비용 그러니까 건설비, 연료비, 운전유지비, 폐기물 처리비, 원전 해체비 등을 발전량으로 나누어 계산한 가격이에요.

원자력의 평균 발전단가를 재생에너지가 역전시키는 세상이 되었어요. 해결할 수 없는 대규모 사고를 피하고, 건설비용도 줄이고 폐기물 문제도 발생하지 않는 재생에너지가 시장에서 자리를 잡았으니 인류의 원자력에 대한 의존은 줄어드는 것처럼 보였어요.

### 원자력에서 재생에너지로
### 에너지원의 세대교체가 이루어진 건가요?

원자력에 관한 문제는 그리 쉽게 끝나지 않을 것 같아요. 아직 넘어야 할 산이 남아있어요. 재생에너지는 우리가 필요할 때 생산하거나 멈추지 못해요. 태양이 비치는 낮이나 여름철에는 발전량이 많고 밤이나 겨울철에는 반대가 되죠. 또 바람이 불지 않거나 너무 세게 불어도 풍력발전기는 가동할 수 없어요. 그런데 전기는 발전소에서 생산한다고 해서 우리가 바로 사용할 수 있는 것이 아니에요. 가정이나 공장에서 전기를 사용하게 하려면 송배전선로가 있어야 해요. 그런데 이 송배전선로는 일정한 전력 이상이 흐르게 되면 고장이 나버려요. 가전제품에 맞지 않은 전압이 연결되면 고장나는 것과 같은 거죠. 전기를 무조건 많이 생산하는 것이 문제가 아니라 필요한 만큼 생산하여 적절하게 배분하는 일이 중요한 거죠. 원자력이 중심이 될 때에는 일정량은 원자력이 발전을 하고 나머지를 석탄, 가스 그리고 재생에너지가 공급을 하였어요. 그런데 재생에너지의 생산량이 늘어나니 다른 발전을 줄이지 않으면 안 되겠죠. 재생에너지는 시간대에 따라 발전량이 다르니 하루에도 몇 차례 발전량을 조절해야 되겠죠. 또 문제는 원자력 발전은 쉽게 출력을 조절하거나 혹은 끄거나 할 수 없어요. 수력이나 양수발전소의 경우 필요할 때 물을 내려보내 전기를 생산할 수 있으니 전력량을 조절하는 용도로 딱 맞춤이에요. 하지만 우리나라에서 수력발전은 더 지을 만한 곳이 없기도 하고, 짓기 위해서는 자연환경을 많이 파괴해야 해서 더 이상 늘릴 수는 없어요. 석탄발전소는 석탄의 불이 쉽게 꺼지지 않으니 바로 출력을 조절할 수 없겠죠. 그래서 가스 화력발전소가 양을 조절하는 용도로 많이 활용되고 있어요. 쉽지 않죠. 그런데 분명한 것은 출력을 조절하는 것이 자유롭지 못한 원자력이 마찬가지로 출력 조절이 자유롭지 않은 재생에너지와 함께 갈 수는 없다는 것이에요. 점점 늘어나는 재생에너지를 생각하면 원자력 발전소는 점점 더 줄어들어야 할 거예요. 또, 원자력 발전소가 늘어난다면 재생에너지를 함께 확대할 수 없을 거예요.

## 어떤 국가에서는
## 신규 원자력 발전소를 건설하던데요?

공격적으로 경제 성장을 하고 있는 중국을 선두로 하여 러시아, 인도에서는 신규 원자력 발전 건설이 이루어지고 있어요. 게다가 전력의 70% 정도를 원자력에서 생산하고 있는 프랑스와 몇몇 유럽의 국가들도 원자력이 필요하다는 주장을 강하게 하고 있어요. 기후위기 때문이라고 이야기를 해요. 후쿠시마 사고 후, 2015년 파리 기후협정, 2018년 IPCC 지구 온난화 1.5도 특별보고서 발표 등 기후위기와 관련된 굵직한 뉴스들이 줄을 이었어요. 기후 위기에 대한 인식이 높아지자, 오히려 원자력에 대한 논쟁에 불이 다시 붙었어요.

심지어 2022년 1월 EU에서는 원자력을 친환경 녹색에너지에 포함시킨다고 발표했어요. 물론 엄격한 단서조항이 붙기는 했어요. 핵폐기물을 처분할 장소가 있는 경우, 발전소를 건설할 부지가 결정된 경우, 자금 조달의 계획 등이 명확한 경우, 2045년까지 신규발전소 등록을 마칠 수 있는 경우 등에 한하여. 이 발표가 있기까지 유럽에서는 원자력을 반대하는 독일, 오스트리아를 중심으로 한 국가들과 70%를 원자력에 의존하면서 주변 국가에 이 전력을 판매하고 있는 프랑스를 중심으로 한 국가들 간의 치열한 논쟁이 있었다고 해요.

경제 성장을 포기할 수 없으니 안정적인 전력이 공급되어야 한다, 기후 위기를 위해 2050년까지 탄소중립을 이루어야 하는데 그때까지 재생에너지가 원자력을 대신할 만큼의 전기를 생산할 수 없다, 전기를 생산한다고 해도 현재의 송배전선 방식으로는 재생에너지의 불규칙한 출력을 안정적으로 이용할 수 없다, 이런 이유들을 이야기하고 있어요.

## 재생에너지만으로
## 안정적으로 전기를 공급하는 방법이 없는 것일까요?

방법은 있어요. 에너지 저장장치 그러니까 대형 배터리에 전기를 저장하는 기술을 발전시키거나, 남는 재생에너지로 수소를 생산하거나, 남는 재생에너지로 물이나 기타 다른 물질을 가열하여 보관하는 방법이 있어요. 하지만 아직 기술이 완전치 못하죠.

## 작은 원자력 발전소, SMR이란 무엇인가요?

SMR, 작은 원자력 발전소는 공장에서 거의 모든 것이 만들어져서 발전소를 건설하는 기간을 줄인다, 발전용량을 짧은 시간 안에 늘렸다 줄였다 할 수 있다, 사고가 나도 피해가 없을 정도로 규모가 작다, 발전방식을 바꾸어 꼭 냉각수를 사용하지 않아도 되도록 하여 바닷가나 강가가 아니라 내륙에도 지을 수 있다, 그래서 발전소를 지을 땅을 구하는 어려움을 줄일 수 있다, 무엇보다도 재생에너지처럼 발전량이 불규칙하지 않으니 안정적으로 전력을 공급할 수 있다는 등의 특징을 가지고 있어요. 독특한 아이디어죠.

물론 아직 시장에 나온 기술은 아니죠. 현재 우리나라를 포함하여 여러 나라에서 다양한 형태의 소형 원자로를 연구하는 중에 있어요. 물론 작게 짓기 때문에 전체 건설비용은 줄어들겠지만 작아지기 때문에 발전단가가 기존의 원자력보다 비싸져요. 우리가 같은 제품이라도 대용량을 사면 더 싸지는 것과 같은 거죠. 또, 발전용량이 작아지기 때문에 더 많은 원전부지도 필요하겠죠. 그래서 원자력 발전 확대를 이야기하는 사람들도 소형원자로가 개발이 되어도 시장에서 환영을 받기는 어려울 것이라고 이야기하기도 해요.

**지속가능한 미래를 위해서**
**에너지 문제를 어떻게 풀어야 하는지가 숙제네요.**

그래서 중요한 것이 방향을 결정하는 것이에요. 재생에너지를 중심에 두고 보완할 수 있는 기술개발에 힘을 기울일 것인지, 원자력을 중심에 두고 원자력이 가지고 있는 문제점을 보완하는 기술개발을 하는 데 힘을 기울일 것인지.

미래를 생각하는 기술은 어떤 것일까요? 오랫동안 평화롭게 인류가 생존할 수 있도록 하기 위해 지켜야 할 것은 무엇일까요? 모든 것을 다 가질 수 없다면, 여러분은 무엇을 지킬 것인가요? 그러기 위해 지금 선택해야 할 방향은 무엇일까요?

**2장**

# 바이러스

2020년 1월에 시작된 COVID-19 대유행은 2년이 넘도록 끝나지 않고 있어요. 두 자리의 확진자 수에 민감하게 대응했던 사람들은 이제 몇만 명이라는 수에도 둔감해졌어요. 사람들은 COVID-19에 익숙하다 못해 지쳐버린 것 같아요.

COVID-19와 같은 신종 감염병, 특히 바이러스가 원인인 질병의 대유행은 이미 예견되었던 일이죠. 역사적으로 계속 반복되어 온 일이기도 하고요. 그렇지만 대유행을 직접 겪기 전까지 대부분 사람들은 바이러스가 인류를 위협할 정도로 대단한 존재라고 생각하지 않았어요.

21세기에 들어 신종 바이러스 감염병의 출현이 잦아졌어요. 대유행의 위험도, 빈도도 더 높아지고 있다고 해요. 인간의 책임이 매우 크다고 해요. 우리는 무엇에 대해 책임져야 할까요? 지금의 대유행을 종식시키고 다음 대유행을 피하기 위해 우리는 어떤 선택을 해야 할까요?

# 바이러스가
## 지구에 적응하기까지

알츠하이머 치료제를 개발하던 중,

연구원이 변형 바이러스에 노출되는 사고가 납니다.

연구원은 기침과 발열 증상을 보이다가

급기야 피를 토하며 고통 속에 죽어갑니다.

그와 접촉한 여객기 기장이 흘린 코피 한 방울이 시작이었습니다.

결국 전 세계로 바이러스가 퍼져 나갑니다.

이 바이러스는 유인원의 지능은 향상시켰지만,

사람에게는 치명적이었습니다.

그렇게 인류의 멸망과 유인원의 진화가 시작됩니다.

진짜냐고요? 걱정마세요.

영화 〈혹성탈출: 진화의 시작〉의 한 장면입니다.

## 바이러스는
## 언제부터 지구에 있었어요?

바이러스가 언제부터 어떻게 지구에 존재하게 되었는지에 대해 많은 가설이 있지만, 정확하게 말하기는 힘듭니다. 확실한 것은 인류라는 종의 역사가 시작된 이래로 바이러스는 인간과 함께 존재해왔다는 것이죠. 공존을 위해 서로에게 맞춰나가는 것, 우리는 이것을 '적응'이라고 불러요.

## 바이러스가
## 사람한테 적응을 한다고요?

바이러스는 혼자서 증식할 수 없다는 특징이 있어요. 인간은 자손을 남기기 위해 남녀가 만나 아기를 낳고, 단세포 생물인 세균은 세포 분열을 통해 자손을 남깁니다. 인간이나 세균 모두 다른 생물의 도움 없이도 스스로 자손을 늘려갈 수 있지요. 하지만 바이러스는 그럴 수가 없어요. 다른 생물을 숙주로 이용해야 자손을 남길 수 있지요. 숙주의 세포가 바이러스의 복사기인 셈이죠. 바이러스에 감염되면 우리 몸이 아픈 이유도 바이러스가 우리를 이용해 증식하기 때문입니다. 바이러스가 자신의 복제를 위해 우리 몸을 많이 사용하면 목숨이 위태로워지는 것이고, 조금 사용하면 가볍게 앓고 지나가게 되는 거지요.

## 걸리면 죽을 확률이
## 100%인 바이러스도 있어요?

자연에서 치사율 100%인 치명적인 바이러스는 존재하기 힘들어요. 숙주가 금방 죽어버리면 바이러스도 더 이상 살아남기 힘들기 때문이지요. 숙주인 인간에게 치명적이지 않고 적당히 아프게 해야 널리 퍼져서 전염될 수 있는 거랍니다. 결국 인간에게 적응한 바이러스가 대대손손 살아남아 우리를 괴롭히는 것이죠.

## 그럼 바이러스를
## 무서워할 필요가 없겠네요?

우리가 걱정해야 하는 건 우리와 함께 해 왔던 '적응한 바이러스'가 아니라 '새로운 돌연변이 바이러스'예요. 바이러스는 다른 생명체보다 돌연변이가 잘 일어나거든요.

인간은 부모로부터 유전자를 각각 절반씩 물려받아 새로운 유전자 조합을 만들며 태어납니다. 반면 대장균 같은 세균들은 부모의 유전자를 그대로 복제해요. 그래서 부모 세대와 자손 세대가 유전적으로 거의 차이가 없지요. 바이러스도 대장균처럼 부모의 유전자를 그대로 복제합니다. 하지만 다른 점은, 그 과정에 오류가 많아 부모와는 다른 유전자를 가지게 되는 경우가 많다는 점이에요. 다른 유전자를 가졌으니 성질도 달라지고요. 그러다 보니 전염 속도나 증상, 심지어 감염시킬 숙주인 종까지 다른, 새로운 바이러스가 나타날 수가 있어요. 당연히 치사율도 높고 전염성도 높은 바이러스가 등장할 수가 있겠죠. 과학자들과 보건 전문가들이 걱정하는 것도 바로 이 점이에요.

## 새로운 바이러스가 나타나면
## 속수무책으로 당해야 하나요?

꼭 그렇지는 않아요. 바이러스가 인간에게 적응하듯, 인간도 새로운 바이러스에 적응하거든요. 인간은 태어날 때부터 바이러스에 대항할 수 있는 기본 아이템을 유전자로 갖고 있어요. 이걸 꺼내 쓰는 데 시간이 걸릴 뿐입니다. 마치 세계 최고의 요리 비법이 담긴 책이 있다고 해도 요리를 당장 잘하기 힘든 것과 같은 원리이지요. 요리를 잘하려면 요리책을 꺼내 읽어보고 여러 번 해보면서 익숙해져야 비로소 최고의 맛을 낼 수 있듯이 인간도 바이러스가 몸에 들어오면 대항할 아이템이 있는지 유전자를 검색합니다. 어떤 사람은 유리한 아이템을 갖기도 하고, 어떤 사람은 그렇지 못하기도 해요. 갖고 있는 아이템을 사용해보는 것을 우리는 '면역력을 갖게 된다'고 말합니다. 면역력이 있는 사람은 바이러스가 몸에 들어와도 효과적으로 방어를 합니다. 면역력이 없는 사람보다 그 증상이 약하게 나타나죠. 바이러스 감염병의 유행이 반복될수록 면역력을 가진 이들이 계속 살아남으면서 바이러스에 잘 대항하는 유전자를 가진 사람들의 자손이 많아지게 되죠. 결국 인간 집단의 평균적인 특성은 심각한 증상을 가진 사람은 줄어들고 집단의 면역력은 강해지는 등 바이러스에 적응된 모습으로 나타나게 됩니다.

**다행이에요.**

**어쨌든 적응하게 되니까요.**

'적응'이란, 인간과 바이러스가 서로 낯설지 않고 공존하는 것이 자연스럽게 되는 상태를 말해요. 하지만 적응한다고 해서 바이러스가 0%의 치사율을 갖게 되거나 인간이 바이러스에 대한 100%의 저항력을 갖게 되는 것을 의미하지는 않아요.

천연두는 '적응'의 대표적인 예입니다. 두창, 마마, 호역 등 이름도 다양하게 불리는 천연두는 한때 전 세계 사람들을 죽음으로 몰고 갔던 치명적인 전염병이었어요. 두창 바이러스라고도 불리는 천연두 바이러스의 기원은 최소한 3000~4000년 전 가축에서부터 비롯되었다고 합니다. 그러다 어느 순간부터 인간들 사이에 존재하며 유행하게 되지요. 16세기 유럽에서는 천연두가 대유행하면서 많은 사람들이 사망에 이르게 되었습니다. 유럽을 포함해 육로로 연결된 아시아와 아프리카에서는 수천 년 동안 천연두 바이러스의 유행이 반복되었어요. 구대륙의 인류가 천연두에 대해 어느 정도의 면역력을 갖게는 되었지만 천연두는 여전히 무서운 병이었어요. 그나마 예전보다 치명률이 낮아진 게 적응된 모습이었

지구 생활자를 위한 핵, 바이러스, 탄소 이야기

죠. 그리고 인간의 집단 면역력을 끌어올린 천연두 백신이 결정적 계기가 되어 WHO는 1980년에 천연두의 종식을 선언했죠. '적응'의 예를 하나 더 들자면 감기가 있어요. 감기를 일으키는 원인은 여러 종류의 바이러스가 있어요. 우리는 너무 익숙해진 나머지 그 바이러스들에 큰 신경을 쓰지도 않아요. 감기 바이러스 중에는 4종류의 코로나 바이러스도 있어요. 그들이 처음 인간 집단에 감염되었을 때에도 지금처럼 가벼운 존재는 아니었을 거예요. 사스나 메르스, 코로나19처럼 말이죠. 지금의 감기는 오랜 세월 동안 서로가 적응해 온 결과예요.

**전염력과 치사율**
**그리고 면역력이 서로 타협점을 찾는 것,**
**이것이 '적응'이라고 할 수 있겠네요.**

그 점에서 1990년대 후반부터 인간에게 감염이 시작된 조류독감은 아직 인간과 적응 중인 바이러스라고 봐야겠죠. 적응하는 데 얼마나 많은 시간이 걸릴지 모르지만, 오랜 시간을 필요로 하는 것은 확실합니다. 만약 이 자연스런 적응의 과정이 무시된다면 인간이 치러야 할 위험이 너무 커지게 돼요. 문제는 인간의 문명이 발달하면서 자연스럽지 못한 일들이 점점 많아지고 있다는 점이에요.

## 적응의 과정이
## 어떻게 무시되고 있어요?

서로 다른 문명들이 만나게 된다든지 대규모 전쟁이 일어나 사람들이 무리하게 이동하게 된다든지 야생에 살고 있던 동물들을 가축으로 키운다든지 공장식 사육을 한다든지 숲을 파괴한다든지 등의 일이 바로 그래요. 인류의 문명이 발달하고 세계가 점점 가까워지면서 나타나는 인간의 행동은 우리가 전에 보지 못한 새로운 바이러스를 만날 수 있는 기회를 늘리고 있지요. 그렇기 때문에 오늘날의 인류는 어느 때보다도 새로운 바이러스와의 만남을 경계해야 하고 인류의 조상이 바이러스에 적응했던 자연의 속도보다 더 빠르게 적응해야만 살아남을 수 있는 상황에 놓이게 되었어요.

# 신대륙의 발견과
# 문명의 충돌,
## 천연두 바이러스

콜럼버스가 1492년 신대륙에 발을 디딘 이래로

중앙아메리카에는 유럽인들이 들이닥치기 시작합니다.

잉카나 아즈텍과 같은 화려한 문명과 거대한 도시들은

유럽인들 손에 무기력하게 무너지고 말았습니다.

아즈텍 제국이 망하는 데는 불과 2년도 걸리지 않았지요.

왜 이렇게 쉽게 무너졌을까요?

유럽의 앞선 문물과 무기 때문이었을까요?

학자들은 그 이유가 천연두 바이러스라고 말합니다.

## 유럽인들이 오기 전,
## 신대륙 아메리카에는 누가 살고 있었어요?

신대륙이라는 용어도 유럽인들의 관점이에요. 콜럼버스가 도착하기 전부터 그곳에는 이미 제국을 건설한 여러 문명사회가 존재했어요. 지금의 멕시코에 세워진 아즈텍 제국도 그중 하나였죠. 아즈텍 제국의 수도 테노치티틀란은 거대한 텍스코코 호수 위에 세워진 물의 도시로 여러 개의 섬이 연결된 신비한 곳이었어요. 수많은 신전과 건물이 도시를 가득 채우고 있었고 도시 곳곳에는 시장이 열렸습니다. 당시 프랑스 파리에 약 15만 명이 살았다고 하니 인구 30만이었던 테노치티틀란은 규모로는 세계 제일의 대도시였던 셈입니다. 이들은 건축뿐 아니라 농업 기술도 뛰어나서 물 위에 짚을 띄우고 그 위에 흙을 쌓아 호수 위에서도 농사를 지었다고 해요. 대도시가 유지되려면 먹거리 공급이 원활해야 하기 때문에 농사 기술은 문명의 발달에 아주 중요한 요소였지요.

## 그런 아즈텍 제국이
## 어떻게 무너진 걸까요?

콜럼버스가 서인도 제도를 발견하자 스페인은 발 빠르게 아메리카를 식민지화하기 시작했어요. 스페인은 오늘날 아이티가 있는 히스파니올라 섬을 시작으로 쿠바 섬 등을 자기들의 땅으로 개척하지요. 그리고 1519년, 본격적으로 중앙아메리카 본토를 정복하기 위해 코르테스가 이끄는 원정대가 쿠바 섬을 출발합니다. 병사 500명, 말 16필, 대포 14문, 화승총 13정으로 꾸려진 정말 보잘것없는 규모였어요. 갑옷, 예리한 쇠검과 화포로 무장했지만 수적인 열세를 극복하기에는 병력이 너무나 적었습니다. 당시 아즈텍 제국은 수도에만 수만 명의 병력이 주둔하고 있었지요. 아즈텍은 평소 다른 부족과 도시를 무력으로 제압해왔기 때문에 전투력 또한 약하지 않았습니다. 하지만 아즈텍 제국은 무너지고 말았죠.

## 고작 500명의 원정대에게 무너졌다니 말도 안 돼요!

여러 가지 원인이 복합적으로 작용했지만, 그중에서도 아즈텍의 전투력을 떨어뜨린 큰 이유는 천연두의 유행이었습니다. 천연두에 걸리면 발진이 생기고, 발진은 수포로 변해 온몸을 뒤덮게 됩니다. 고열과 출혈이 동반되며 감염자 중에 30% 정도가 사망에 이르는데 주로 유아 사망률이 높습니다. 살아남아도 곰보자국이 남고 실명이나 관절염 같은 합병증을 갖게 되기도 합니다.

천연두는 북아프리카에서 기원하여 유럽과 아시아 지역으로 전파되었다는 설이 있어요. 코르테스의 원정대가 아즈텍에 갔던 때, 이미 유럽에서는 천연두가 풍토병으로 자리 잡아 주기적으로 유행하고 있었습니다. 그래서 유럽인들, 특히 어릴 때 천연두를 앓은 사람들은 면역력을 갖고 있었고, 원정대의 대부분도 그러했습니다. 그러나 천연두를 경험하지 못했던 아메리카의 인디오들은 면역력도 없었고 면역력을 획득하기 위한 유전자를 가진 사람도 적었습니다. 미처 적응이 안 된 인디오 집단에게 천연두는 치명적일 수밖에 없었죠.

그들은 더 이상 걸을 수 없었고, 집의 침상에 누워 움직이지도, 꼼짝도 할 수 없었다. 그들은 자세를 바꿀 수도 없었고, 옆으로 몸을 뻗지도 고개를 숙이지도 머리를 들어 올리지도 못했다. 미동이라도 하려면 크게 소리를 질렀다. 온통 농포로 뒤덮인 사람들을 보는 것은 엄청난 침통함을 느끼게 했다. 매우 많은 사람들이 농포로 죽었고, 수많은 사람들이 굶어 죽었으며, 기아가 엄습했고, 더 이상 아무도 다른 사람을 돌보지 않았다. 농포가 듬성듬성 생긴 사람들도 있었다. 이 경우 그들은 심하게 고통을 받지 않았고 많은 사람들이 죽지 않고 생존했다. 하지만 흉터가 남아 얼굴이 망가졌고 얼굴과 코가 뭉그러졌다. 어떤 사람들은 눈을 잃거나 장님이 됐다. 《메소아메리카의 유산》에서

역사가들은 아즈텍의 수도에 천연두가 유행한 시기를 1520년 10~12월 사이로 추정하고 있어요. 불과 세 달 동안 천연두가 유행하면서 병력 수가 줄어들고 지휘관들, 심지어 황제까지도 죽게 됩니다. 명령체계가 무너지고 사기가 떨어진 아즈텍의 군사력은 천연두 창궐 이전보다 크게 약화되었습니다. 역병에 끄떡없는 스

지구 생활자를 위한 핵, 바이러스, 탄소 이야기

페인 군을 보고 두려움에 사로잡혔을 것입니다. 결국 코르테스와 주변 부족의 동맹군에 수도 테노치티틀란이 점령되고 그 자리에 멕시코시티가 세워지게 됩니다.

**유럽에서 온 천연두가**
**아메리카의 운명을 바꾸었군요.**

유럽인을 따라 대서양을 건너온 천연두는 히스파니올라 섬과 쿠바 섬에 먼저 상륙했습니다. 유럽인이 세운 정착도시를 중심으로 전염병이 돌기 시작하면서 인디오의 인구가 빠르게 줄어들게 됩니다. 히스파니올라 섬의 인디오들은 당시 사탕수수 농장의 주된 노동력이었습니다. 인디오의 인구가 빠르게 줄어들어 농장을 운영할 수 없자, 스페인 농장주들은 아프리카에서 흑인 노예를 공급받기 시작합니다. 우리가 아프리카 국가로 자주 착각하는 아이티가 바로 스페인 영토였던 히스파니올라 섬입니다. 오늘날 아이티 인구의 대부분이 흑인인 것은 식민지 시절 학살, 강제노역, 천연두와 질병 때문에 죽은 인디오의 공백을 흑인 노예로 채웠기 때문입니다. 코르테스의 원정대에도 천연두에 걸렸던 흑인 노예가 있었다고 합니다. 맹렬히 전투를 치루는 과정에서 눈에 보이지 않는 천연두 바이러스는 호흡기와 접촉을 통해 인디오 전사들의 몸으로 침투하고, 그들을 통해 수도 테노치티틀란을 삼켜버린 것이죠.

## 같은 천연두 바이러스인데
## 왜 유럽인과 인디오의 반응이 달랐죠?

'집단의 적응력'이 달랐기 때문이에요. 적응력의 비밀은 면역체계와 관련 있어요.


## 면역력은 태어날 때부터 타고나는 건가요?

면역력은 병을 앓으면서 후천적으로 갖게 되지만, 면역력의 바탕은 선천적으로 타고 나야 해요. 사람은 바이러스성 질병을 앓은 후에 맞춤형 무기인 '항체'를 갖게 됩니다. 하지만 모든 사람이 모든 종류의 항체를 만들 수 있는 것은 아니랍니다. 사람마다 만들 수 있는 항체의 종류가 다르고 방어력도 다릅니다.

항체의 종류를 결정하는 것은 유전자예요. 어떤 유전자를 가졌느냐에 따라 더 좋은 항체를 만들 수도, 아예 항체를 못 만들 수도 있어요. 오랜 시간에 걸쳐 유럽에서는 천연두가 유행할 때마다 좋은 항체를 만들어내는 유전자를 가진 사람들이 상대적으로 많아졌습니다. 워낙 사망률이 높아서 항체를 만들 수 없는 사람들은 자신의 유전자를 남길 가능성이 낮았죠. 그러면서 천연두에 의한 사망률은 점차 낮아졌고 생존자들은 천연두에 방어할 능력이 생겼습니다. 반면, 인디오는 그렇지 못했죠.

03

# 전선을 따라
# 세계로 퍼진
## 독감 바이러스

무오년(1918년)은

우리나라 전국에서 독감으로 수많은 사람들이 죽었던 해이기도 합니다.

한국에서는 무오년 독감, 유럽에서는 스페인 독감으로 알려진 이 전염병은

1914년부터 1918년까지 벌어졌던 1차 세계대전의 격전지에 대유행했습니다.

우리와 한참 떨어진 유럽에서 유행한 전염병이

어떻게 우리나라에까지 오게 된 걸까요?

## 무오년 독감의 피해가
## 어느 정도였나요?

무오년 당시 매일신보에 실렸던 기록들을 살펴보면 독감의 유행이 얼마나 무서웠는지 알 수 있지요.

……충청남도 서산 지방의 유행성 감기는 오히려 맹렬하여 자꾸 창궐되는 바 (중략) 총 인구 팔만여 명에서 육만사오천 명의 환자가 있다 하며 가장 근심할 일은 사망자가 다수에 달하여 11월 십사일 이래 매일 백 명 이상 백오십 명씩으로 추산되며 심한 곳은 한 촌이 모두 병에 걸려 죽는 사람을 어떻게 처분할 사람이 없는 참혹한 광경이라는데 적정공의(赤正公醫)를 위시하여 중촌 경찰서장, 지군수와 및 족달 군서기 등이 예방책을 강구하나 그 효험이 없음으로 공주 자혜의원으로부터 의사를 파견하여 달라고 청하여 협력 방역에 노력하나 그 형세가 창궐되어 지금 모양으로는 어느 때 종식될는지 모르겠다는데 이로 인하여 일반 농가에서는 추수를 못하여 모든 논에는 버히지 않은 벼가 절반 이상이나 된다더라……. 〈매일신보〉 무오년(1918년)〉

전염성도 강하고 증상이 심해 죽는 사람도 많고, 독감에 걸려 장정들이 몸져눕자 추수할 일군들이 없어 가을걷이를 못하는 답답한 상황이 벌어졌다고 합니다. 경무총감부 통계기록에 따르면

지구 생활자를 위한 핵, 바이러스, 탄소 이야기

무오년 독감으로 조선인은 740만 명의 환자가 발생하여 그중 13만 명이 사망했어요. 당시 한반도에는 조선인이 약 1700만 명 살고 있었습니다. 인구의 약 44%가 독감에 걸릴 만큼 무오년 독감은 전염력도 강했을 뿐 아니라, 독감에 걸린 사람 100명 중에 2명은 죽음에까지 이를 정도로 지독했어요. 일반적으로 독감에 걸리면 1,000명 중 2명 정도가 죽는 것으로 알려져 있다고 하니 이와 비교하면 치사율이 10배나 높은 무오년 독감이 얼마나 지독했는지 알 수 있지요. 무오년 독감은 1918년 10월 무렵부터 경성, 인천, 대구, 평양, 원산, 개성 등 도시를 중심으로 유행하여 주변 지역으로 무섭게 번져나갔습니다.

## 무오년 독감은
## 우리나라에만 유행한 건가요?

1918년 전 세계를 공포에 떨게 한 스페인 독감이 우리나라로 전파되어 9월부터 유행된 것이 무오년 독감입니다. 1918년 봄에 처음 유행한 스페인 독감은 일반적인 계절성 독감과 다르지 않았어요. 전염성이 강했지만 치사율이 높지는 않았어요. 며칠 심하게 독감을 앓고 나면 정상적인 생활이 가능했거든요. 부드럽고 온순하다고 스패니쉬 레이디(스페인에서 온 숙녀)라고도 불렸지요.

## 왜 스페인 독감이라고 불러요?

사람들은 이름 때문에 이 독감이 스페인에서 시작된 것이라 알고 있지만, 사실이 아니에요. 이런 이름이 붙게 된 건 1차 세계대전이라는 특수한 상황 때문에 빚어진 일이에요. 전쟁 중에 발생하는 전염병은 병력에 큰 영향을 끼치는 중요한 정보입니다. 전쟁 중인 나라는 전염병에 대한 정보를 언론에서 다루지 못하도록 통제하기 마련이지요. 그런데 당시 스페인은 중립국이었기 때문에 언론에서 독감이 유행하는 것을 크게 다루었고, 사람들은 이걸 스페인 독감이라고 부르게 된 것입니다. 하지만 사실 시작된 곳은 미국이었어요. 스페인에서 독감이 유행하기 전, 이미 미국에서 독감이 시작된 기록들이 있습니다. 다만 기사화되지 못했을 뿐이죠. 실제로 스페인 독감은 미국 독감이라고 불러야 마땅합니다.

2009년에 유행한 신종플루도 이름 때문에 한동안 시끄러웠지요. 이 독감은 처음에 돼지 독감이나 멕시코 독감으로 불렸는데 돼지고기를 파는 사람들이나 멕시코 입장에서 꽤나 기분 나쁜 명칭이고 근거도 불확실했기 때문에 공식적으로 신종플루라고 부르기로 했지요.

## 미국에서 시작된 스페인 독감이
## 어떻게 전 세계로 퍼졌어요?

어쨌든 아까 얘기로 돌아가서 1918년 3월, 미국 캔사스 주에 있는 미군 기지에서 독감 환자가 발생하지요. 그리고 독감은 유럽 전선으로 보내질 신병을 모집하고 훈련하는 미군 기지를 중심으로 빠르게 유행하게 됩니다. 그리고 1918년 4월, 프랑스에 주둔한 미군을 시작으로 프랑스군, 영국군 등의 연합군까지 퍼집니다. 연합군과 치열하게 전투를 치루던 서부전선의 독일군에게도 전파되어 4월 말에는 베를린에까지 전파되었습니다. 독감에 걸리면 3일에서 일주일 정도 고열에 시달리며 침대 신세를 져야 했기 때문에 전세에도 큰 영향을 끼쳤습니다. 많은 병사가 독감에 걸려 침대에 누워 있는데, 제대로 된 공격과 작전 수행이 이루어질 수는 없었을 테니까요. 연합군 쪽이나 독일군 쪽이나 독감으로 괴롭기는 마찬가지였습니다.

스페인에 독감이 유행하게 된 때는 5월이 되어서였습니다. 중립국이었던 스페인에서 휴가를 즐기기 위해 들어온 병사들과 유럽 본토에서 일하던 노동자들이 고국으로 돌아오면서 독감도 함께 들어왔던 것입니다. 전염성이 얼마나 강했는지 국왕을 포함해서 수도 마드리드 인구의 1/3이 독감을 앓는 통에 공공기관의 업무가 마비되고 시내를 오가는 전차의 운행을 중단할 정도였다고 합니다. 결국 이 독감은 스페인 독감이라는 이름을 얻게 됩니다. 스페인은 독감의 발원지는 아니었지만 당시 1차 세계대전에 참전한 국가가 아니어서 보도에 제한이 없었고, 덕분에 스페인 언론에서는 이 전염병에 대해 깊이 다룰 수 있었기 때문에 스페인 독감이라는 이름이 붙게 되었던 것이죠. 그리고 여름으로 접어들면서 독감은 여느 계절성 독감처럼 조용히 사라지는 듯했습니다.

## 무오년 독감은 가을에 시작되잖아요?
## 이건 어디에서 시작됐어요?

가을에 접어들면서 여름 동안 사그라들었던 독감이 더 강해져서 돌아왔어요. 전파속도가 훨씬 더 빨랐고, 독성도 더 독해졌지요. 더 이상 온순한 스페니쉬 레이디가 아니었답니다. 기록에 따르면 8월 말에 접어들면서 미국과 유럽에서 거의 동시에 발병이 되었고, 10월에는 호주와 외딴 섬을 제외한 거의 전 세계로 퍼졌어요. 독감으로 죽는 사람도 더 많아졌구요. 이듬해 2월까지 가을철의 스페인 독감에 걸린 사람은 전 세계적으로 5억 명이었는데 그 중 최소한 5000만 명이 죽은 것으로 집계되었어요. 사망자를 1억명까지로 보는 경우도 있습니다. 사망자가 5000만 명이라고 해도 감염자 10명 중 1명이 죽었다는 뜻이지요.

대부분의 사망 원인은 독감으로 인한 급성폐렴이었어요. 도시는 마비되고 사람들은 공황 상태에 빠졌습니다. 모든 사람이 마스크를 쓰고 다니고 전염의 우려 때문에 공공장소에서 침을 뱉는 것이 금지되었습니다. 심지어 야구 경기 중에도 선수들과 심판이 마스크를 쓸 지경이었답니다. 당시 조선에는 시베리아 횡단열차를 통해 바이러스가 유입된 것으로 추정하고 있습니다. 스페인 독감은 인류에게 유사한 독감이 얼마든지 나타날 수 있다는 두려움을 심어주었습니다. 2009년 신종플루가 지나간 뒤에 보건당국이나 세계보건기구(WHO)의 대유행 경보와 조치에 대해 지나쳤다는 견해와 여러 가지 음모설이 돌았습니다. 그러나 스페인 독감에 대해 구체적으로 안다면 그런 비판이 쉽지는 않을 것입니다.

## 1차 세계대전 때문에
## 스페인 독감이 더 강해진 것인가요?

대유행의 가장 큰 이유는 스페인 독감 바이러스가 전염성이 강했기 때문입니다. 봄철에도 전염속도가 일반 독감에 비해 빠른 편이었는데, 가을철의 전염속도는 더욱 빨라졌어요. 봄철의 경우는 역사적인 기록을 통해 독감이 전파된 경로를 추적하는 것이 비교적 쉽지만, 가을철의 경우는 전파된 경로를 추적하는 것이 어려울 정도로 전 세계 곳곳에서 동시다발적으로 유행이 일어났습니다. 학자들도 바이러스의 전파 경로에 대해 의견이 분분하답니다. 어떤 학자들은 봄철에 유행한 바이러스의 돌연변이가 여러 곳에서 동시에 일어났다는 가설을 주장하고 있기도 하답니다. 동시에 여러 곳에서 다양한 돌연변이가 나타났다고 보기에는 독감의 증상, 사람들이 죽어가는 현상들의 패턴이 너무나 유사하기 때문에 유럽에서 나타난 스페인 독감 바이러스의 돌연변이가 빠르게 퍼져나간 것이라는 설이 가장 유력합니다.

하지만 가을철의 독감이 더 강한 전염성을 가지고 더 치명적이 도록 만든 것은 1차 세계대전이 큰 원인을 제공했습니다. 봄철의 유행만 보아도 6월 경까지 스페인 독감이 퍼진 곳은 미국, 유럽, 아시아와 아프리카의 일부 지역에 국한됩니다. 미국에 인접한 캐나다조차 독감이 퍼지지 않았습니다. 1차 세계대전 참전을 위해 미군 병사의 대대적인 이동이 없었다면 아무리 전염성이 강한 스페인 독감일지라도 유럽은 물론 미국 국내에도 심하게 유행되지 않고, 독감의 세력이 스스로 사그라들었을 가능성이 큽니다. 미국에서 유럽의 전선으로 미군과 함께 이동한 바이러스는 연합군 진영뿐 아니라 독일과 그 동맹국, 심지어 중립국인 스페인까지 전 유럽을 휩쓸게 됩니다. 이렇게 넓은 지역에 독감이 유행되었으니 당연히 독감에 걸린 사람도 많았을 테지요. 독감에 걸린 사람이 많았으니 돌연변이의 가능성을 더 크게 만들어준 것이죠. 봄철의 유행이 사그라들고 여름 동안 사람들 사이에 숨어서 변신을 준비한 바이러스가 전 세계를 공포에 떨게 한 독감으로 돌아온 것입니다. 1차 세계대전이 아니었다면 아마 역사에는 무오년 독감이 등장하지 않았을지 모릅니다.

04

# 새의 독감이
# 사람의 독감으로
# 진화하다

천연두나 무오년 독감이

서로 교류하지 않던 지역의 사람들이

서로 만나면서 퍼지게 된 경우라면,

지역 간 이동 없이

전혀 낯선 바이러스가 출현하는 경우도 있습니다.

바로 동물의 바이러스가

인간의 바이러스로 새롭게 바뀌는 경우입니다.

닭을 숙주로 삼는 바이러스가

인간에게 감염되기 시작하는 경우가

바로 그런 예입니다.

## 닭의 독감이 사람에게 옮을 수 있다고요?

매일 힘차게 잠자리를 박차며 일어나던 아이가 웬일인지 일어나지를 못했다. 온몸이 불덩이었다. 해열제를 먹여도 열이 내릴 기미가 보이지 않는다. 배도 아프다고 한다. 의사는 감기가 심하면 설사가 날 수도 있다며 해열제와 소화제를 처방해줬다. 며칠 약을 먹으며 지켜보았는데 열이 좀 내리는가 싶더니 기침을 하며 피를 토했다. 서둘러 대형 병원의 응급실로 아이를 데려갔다. 아이는 고열 속에 거칠게 숨을 쉬었고 기침을 하며 계속 피가 나왔다. 아이는 고통 속에 죽어갔다.

의사는 가족에게 급성폐렴이라고 했다. 확실치는 않지만 뎅기열로 인한 급성폐렴일 가능성이 매우 높다고 했다. 그런데 며칠 후 아이의 엄마가 고열과 몸살을 앓았다. 이번에도 감기일 것이라 생각했다. 그러나 아이의 엄마도 급성폐렴으로 죽고 말았다. 급성폐렴은 폐에 강한 염증이 생기는 것이다. 피부에 염증이 생기면 붓고 물이 차는 것처럼 폐의 염증 부위도 빠르게 커지면서 물이 찬다. 폐 조직에 물이 차면 숨을 쉬어도 숨이 막혀 죽게 되는 것이다. 뒤이어 아이의 언니에게 비슷한 증상이 나타났다. 바이러스에 의한 전염병이 의심되었고 언니는 타미플루를 복용하였다. 타미플루는 체내에 침투한 바이러스를 방해하는 항바이러스제이다. 다행히 언니는 회복되었고 죽음을 비껴갈 수 있었다.

2004년 태국의 '반 스리 솜분'이라는 마을에서 일어난 일입니다. 아이가 병을 얻기 전, 마을에서는 갑자기 닭들이 죽어가는 일이 발생했다고 해요. 주민들은 전염병이 퍼지지 않도록 죽은 닭들은 파묻었고, 이상 증상이 보이는 닭도 예방 차원에서 살처분했어요. 닭들 사이에 돌았던 병은 바로 조류독감이었습니다. 정확히 말해서 A형 독감 바이러스 중 H5N1이라는 바이러스가 원인이었습니다.

태국의 농촌에서는 집집마다 닭과 오리를 풀어놓고 키웁니다. 그러다 보니 야생 오리 같은 야생 조류들과 접촉이 잦았고, 이들에게서 조류독감이 옮게 되었죠. 조류끼리는 종이 달라도 쉽게 전염되었던 겁니다. 하지만 이 바이러스가 사람에게 감염될 거라고는 예상하지 못했습니다. 바이러스가 변이를 통해 종간 장벽을 뛰어넘는다고 하지만 설마 사람에게 감염될 줄은 생각도 못한 것이지요. 게다가 사람끼리 전염된다? 꿈에도 예상하지 못한 일이었습니다. 사람들은 충격에 빠졌습니다. 1997년 홍콩에서 조류독감인 H5N1이 최초로 사람에게 감염된 것으로 모자라 이제 그 바이러스가 사람 간에도 전파가 가능한 진짜 사람 바이러스가 되었으니 말이죠.

### H5N1이 무슨 뜻이죠?
### 독감 바이러스는 다 같은 거 아닌가요?

독감은 독감 바이러스라고 부르는 바이러스가 체내에 침투하여 나타나는 모든 질병을 일컫는 말입니다. 그래서, 감기와는 증상도 다르지만, 원인이 되는 바이러스가 구분되기 때문에 다른 병이지요. 사람들이 독감의 원인이 바이러스라는 걸 알게 된 건 오래되지 않았어요. 20세기 중반에 이르러서야 바이러스의 정체를 알게 되었거든요. 그래서 옛날에는 감기랑 비슷한데 더 심한 병이라 독감이라고 불렀던 거예요. 독감(Influenza)은 이탈리아 말로 영향(Influence)이라는 뜻입니다. 추위의 영향으로 나타나는 병이라는 데에서 이름이 유래되었습니다. 병에 대한 이름을 먼저 붙이고 한참 뒤에야 독감의 원인이 되는 바이러스를 발견했기 때문에 독감 바이러스라고 이름을 붙이게 되었어요. 이 독감 바이러스도 여러 종류가 있어요.

독감 바이러스는 크게 A, B, C 세 가지 종류로 구분합니다. 우리가 흔히 걸리는 일반적인 독감은 주로 A형 독감 바이러스가 주원인입니다. B형과 C형은 각각 한 종류씩 존재하고 변이도 적게 일어납니다. 그런데 A형 독감은 종류가 많

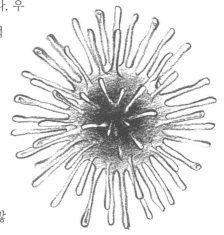

고 종류에 따라 숙주가 되는 생물 종도 달라집니다. A형 독감 바이러스 중에는 사람을 감염시키는 바이러스도 있지만, 돼지, 박쥐 등 각각 다른 종을 감염시키는 바이러스들이 존재합니다. 바이러스가 지구에 살아오면서 자신을 증식해 나가기에 가장 좋은 숙주에 적응한 셈이죠. 오랜 세월 동안 적응한 결과로 각 바이러스는 열쇠를 하나씩 갖고 있습니다. 이 열쇠는 각 바이러스가 특별한 종류의 세포 안으로 들어갈 수 있도록 해줍니다. 이 열쇠가 맞는 세포가 어느 생물에 존재하느냐에 따라 고유의 숙주가 달라지겠지요. 예를 들면 사람 독감 바이러스는 사람의 호흡기에 있는 세포에 대한 열쇠를 갖고 있답니다. 이 열쇠에 기호를 붙인 것이 H5N1입니다. H는 1~16까지, N은 1~9까지 다양하게 존재합니다. 무려 144가지 조합이 가능하네요.

### 독감에 걸리면
### 새도 사람처럼 열이 나고 기침을 하나요?

그럼요. 새도 독감에 걸리면 발열, 기침, 구토, 설사 등을 해요. 야생 조류보다는 집에서 키우는 닭이나 오리들한테 그런 증상이 더 많이 나타난답니다. 닭의 경우는 먼저 호흡기와 소화기에서 이상이 나타나요. 그러다 나중에는 벼슬이 푸른색으로 변하고 얼굴이 붓기도 합니다. 심하면 뇌, 위, 폐 등에서 과다 출혈이 발생하고 벼슬과 발톱이 녹아내리고요. 떼죽음이 일어나기도 해요. 이런 조류독감을 특히 '고병원성 조류독감'이라고 부릅니다. 반면, 가볍게 지나가는 독감은 '저병원성 조류독감'이라고 합니다. 겉으로 볼 때는 증상이 크게 눈에 띄지 않기 때문에 보통은 산란율의 감소로 조류독감에 걸린 걸 알게 됩니다.

## 왜 야생 조류들은 증상이 덜한 거죠?

조류독감을 일으키는 바이러스가 조류 중에서도 특히 야생 오리에 잘 맞는 열쇠를 갖고 있어요. 조류독감 바이러스는 조류의 호흡기관이나 소화기관에 있는 세포에 특히 잘 침투하는 열쇠를 갖고 있습니다. 이 열쇠는 하루아침에 얻어진 것이 아닙니다. 진화적 관점에서 보면 오랜 세월 동안 수없이 많은 돌연변이를 거치며 가장 잘 증식하고 보존할 수 있는 전략을 선택하여 진화했지요. 야생 오리는 집단으로 이동하며 서식하는 철새입니다. 바이러스 입장에서 무리 생활을 하는 것과 장거리 이동하는 점이 숙주로서 매력적인 점이지요. 숙주 집단의 규모가 클수록 바이러스가 침투할 기회가 많아지겠죠. 또한 숙주와 함께 장거리를 이동한다면 새로운 무리를 만날 수 있는 기회가 더 많아질 것이고요. 실제로 야생 오리는 조류독감 바이러스에 감염되어도 증상이 나타나지 않는 경우가 많아서 자연숙주라고 부릅니다. 하지만 야생 오리에 최적화된 독감 바이러스는 뒤집어 생각하면 다른 종의 조류에게는 큰 위협이 될 수 있어요.

## 사람이 조류독감에 감염된 경우가 많나요?

WHO에서 보고한 바에 따르면 대표적인 조류독감인 H5N1의 경우 2003~2022년 동안 863명의 사람 감염 사례가 있었다고 해요. 전 세계에서 연간 평균 45명 정도로 많지 않다고 볼 수도 있겠어요. 하지만 그중 455명이 사망했을 정도로 조류독감은 인간에게 감염되었을 때 치명적일 수 있어요.

우리나라는 문화적으로 가금류와 접할 일이 거의 없어서인지 감염 사례로 보고된 것은 아직 없어요. 그러나, 우리나라에서도 살처분을 했던 작업자들에게 H5N1 바이러스 양성 반응이 나타난 사례는 있었어요. 이들은 증상이 없기 때문에 무증상 감염자로 분류가 되었을 뿐이었죠. 일반적으로 독감 바이러스는 감염자의 몸 안에서 증식하여 호흡기를 통해 배출되고 공기 중에 에어로졸의 형태로 존재하다가 다른 사람에게 침투합니다. 아직까지는 사람 사이에 전염이 가능한 조류독감 바이러스 변종이 만들어지지 않았기 때문에 이 정도에서 그쳤을지 모릅니다. 2004년 태국의 사례에서도 사람 사이에 전염은 이루어졌으나 체액의 접촉에 의한 것이지 호흡기를 통한 감염은 아닌 것으로 보고 있습니다. 그러나 호흡기를 통해 감염되는 조류독감 바이러스의 출현은 충분히 가능성 있는 일입니다. 과학자들이 인위적으로 돌연변이를 과다하게 시켜 보았을 때, 호흡기 감염이 가능한 치명적인 조류독감 바이러스가 만들어진다는 것을 확인한 보고도 이미 있습니다. 그

것은 실험실에서만 일어나는 것이라고 생각하지 마세요. 자연적 발생 가능성이 희박하다고는 하지만 우리는 이미 자연적이지 않은 상황에 놓여있습니다. 가금류의 집단 사육이 무균 상태에서 진행되는 것이 아닌 한 우리는 실험실 밖에서 이미 그 실험을 진행하고 있다고 보는 것이 맞을 것입니다.

## 가금류의 사육이
## 돌연변이 발생을 돕고 있는 건가요?

맞아요. 조류독감 바이러스가 인간을 아프게 할 수 있는 가능성은 가금류를 가축화하기 시작한 때부터 인간이 감수해야 했던 위험요소인 것이죠. 우리나라의 축산 농가들이 보통 제한된 공간에서 닭과 오리를 사육하긴 해도 외부와 완전히 차단된 공간은 아니기 때문에 분변이 포함된 하수, 사료, 이동하는 사람을 통해 바이러스는 얼마든지 전파될 수 있습니다. 물론 조류독감을 감시하고 방역하는 관리 체계가 발달해 있어서 야생 조류와 가금류 사이에 접촉을 차단하려고 노력을 하고 있지만, 이미 가금류 사이에 조류독감 바이러스가 잠재해 있다고 보는 것이 타당할 것입니다. 조류독감 바이러스를 완전히 퇴치할 수 있는 방법이 현재는 없기 때문에 간헐적으로 일어나는 조류독감 바이러스의 발생을 지속적으로 감시하고 백신과 사육체계를 통해 대처하는 것이 최선입니다.

05

# 숲을 잃고
# 병을 얻다

인류가 농사를 짓고 가축을 키우고

도시를 건설하기 이전,

인간은 어디에서 주로 살았을까요?

바로 숲이었어요.

그곳은 다양한 생명체가 존재하고

그만큼 바이러스도 다양하게 존재하고 있죠.

바이러스가 자신의 모습을

'누군가를 아프게 하면서' 드러내지 않는 한

우리는 그들의 존재를 알기가 어렵습니다.

**지금도 숲은 있잖아요.**

예전에 비하면 턱도 없이 줄어든 거예요. 농지를 얻고 도시를 건설하기 위해 어마어마한 숲을 없애야 했거든요. 숲은 인간에게 모든 것을 아낌없이 주는 곳이었어요. 좋은 먹거리를 주고, 폭풍우로부터 우리를 보호하기도 했지요. 우리 주변의 숲은 우리에게 주는 것보다 보호의 손길을 더 필요로 하는 경우가 많죠.

**마치 소설 《아낌없이 주는 나무》에 나오는 나무 같네요.**

맞아요. 소설에서 나오는 주인공 나무도 소년에게 모든 것을 주고 행복해하기만 합니다. 소년이 어릴 적에는 놀이터가 되어 주고, 청년이 되어서는 사과를 줘서 돈을 얻을 수 있게 하죠. 가지와 줄기까지도 다 주고 나서 결국 그루터기밖에 남지 않았을 때도 나무는 노인이 된 소년에게 쉴 곳을 줄 수 있다는 사실만으로 행복해합니다. 받아가기만 하는 소년이 좀 뻔뻔하다는 생각이 들기도 하지만 어찌 보면 다른 생물에게 일방적으로 받기만 하는 것이 생태계의 소비자로 살아가는 인간의 모습이자 숙명이기도 해서 뻔뻔하다고만 할 수는 없네요.

**인간에게 아낌없이 주고도 고갈되지 않고**
**숲이 풍성하게 유지될 수 있었던 이유는 뭘까요?**

수많은 동물과 식물, 그리고 눈에 보이지 않는 미생물들까지 합세해서 서로 균형을 이루었기 때문이에요. 인류가 숲에서 무언가 얻었던 순간은 알고 보면 숲속 생물들이 살아가는 여러 가지 모양 중에 아주 작은 일부였을 뿐이었어요. 숲을 무대로 살아가는 생명들은 서로 이해관계가 얽혀 있고 숲 전체의 균형을 맞추기 위한 적응이 계속해서 일어나게 됩니다.

### 숲이 가진 힘이 엄청났군요.

하지만 안타깝게도 인간이 숲을 떠나 인간끼리 모여 살게 되면서 문제가 생겼어요. 예전에 숲에서 살면서 가끔이라도 만났던 바이러스를 못 만나게 되면서 바이러스에 적응할 기회를 잃게 됩니다. 더 안전하고 편하고 깨끗한 곳에서 집을 짓고 마을을 이루고 도시를 건설했던 거예요. 이제 숲은 사람들에게 낯선 곳이죠. 그러다 보니 진짜 숲, 우리가 보호해 줘야 하는 숲이 아닌 진짜 생명력이 있는 거대한 숲에 들어서는 인간은 오랫동안 만나보지 못했던 바이러스를 만나게 되지요. 오랫동안 만나지 못해 어색한 사이가 된 친구처럼 되어버린 거예요. 아무리 친해도 가끔은 봐야 친밀한 사이를 유지하고 적응하는 데 말이죠. 인간은 농사를 짓기 시작하면서 숲을 떠났습니다. 인간은 다른 생명체와 서로 적응하기 위해 치열하게 노력해야 하는 짐도 숲을 떠나며 함께 내려놓았습니다. 이미 인간에게 익숙해진 감기 바이러스와 같은 종류는 문명사회로 함께 가지고 들어왔지만, 숲에 남은 바이러스는 인간과 투닥거리며 서로 적응할 수 있는 기회를 잃어버리게 됩니다. 전혀 낯선 이 바이러스는 오랜 시간 자기 나름대로 진화해 왔고, 우리는 그들이 어떤 모습으로 우리 앞에 나타날지 아무런 정보가 없는 상태인 것이죠.

### 숲에 있는 낯선 바이러스가
### 우리에게 영향을 미칠 수 있나요?

영화 〈컨테이전〉의 마지막 장면에서 힌트를 찾을 수 있어요. 영화는 120여 일 동안 지구에 MEV-1 바이러스가 대유행을 하여 온 세계인들이 공포에 떠는 설정인데 바이러스가 어떻게 시작되는지 단적으로 보여주고 있지요.

어슴푸레한 새벽녘, AIMM 사 소속 불도저가 거침없이 나무들을 쓰러뜨렸다. 나무에 매달려 있던 박쥐들이 놀라 푸드득 날아올랐다. 사람들이 숲을 밀어내고 그곳에 밭을 일구고 농장을 세우는 통에 숲에서 살던 과일박쥐들은 삶의 터전을 인간에게 내주어야 했다.

과일박쥐 한 마리가 바나나를 물고 떠돌다 근처 돼지 축사로 날아들었다. 축사 천장을 가로지르는 파이프는 과일박쥐에게 바나나를 먹으며 쉬기에 안성맞춤이었다. 거꾸로 매달려 있던 과일박쥐는 물고 온 바나나 조각이 조금은 컸는지 바나나를 돼지우리 아래로 떨어뜨리게 된다. 바나나 조각은 토실토실한 아기 돼지의 코앞으로 떨어졌고, 아기돼지는 날름

지구 생활자를 위한 핵, 바이러스, 탄소 이야기

그것을 집어먹었다. 얼마 뒤, 아기 돼지는 몇 마리의 돼지들과 함께 시내에 유명한 레스토랑에 팔려갔다. 아기 돼지를 직접 골라온 요리사는 아기 돼지의 입 안을 소금으로 손질하던 중 손님 한 분이 요리사를 만나고 싶다는 말에 너무 바쁜 나머지 손은 대충 앞치마에 문지르고 손님을 뵈러 나갔다. 요리사는 손님과 악수도 하고 사진도 찍었다.

이 바이러스의 최초 감염자는 요리사와 악수를 나눈 손님이었습니다. 홍콩에서 미국으로 돌아간 그는 급성 뇌염 증상을 보이며 죽습니다. 이 질병이 그의 아이에게도 전염되고, 미국으로 오는 여정에서 공기를 통해 여러 사람에게 감염되게 됩니다. 이 병을 일으킨 바이러스는 박쥐 바이러스, 돼지 바이러스, 인간 바이러스가 뒤섞여 있는 잡종 바이러스였습니다. 박쥐의 침에 들어있는 박쥐 바이러스가 아기 돼지의 몸에서 돼지 바이러스와 인간 바이러스와 한데 뒤엉켜 버리면서 전혀 새로운 바이러스가 만들어진 것입니다. 아주 우연이지만, 이 바이러스는 사람에게 침투할 수 있는 능력을 갖추었을 뿐만 아니라 사람과 사람 사이에 전염이 가능한 바이러스였습니다. 처음에는 사람의 호흡기에 침투하여 기침과 열, 몸살 등의 증상을 보이다가 바이러스가 뇌에까지 침투하게 되면 급성 뇌염에 걸린 것처럼 발작을 일으키며 죽어갑니다.

영화에 담긴 중요한 메시지 중에 하나는 '왜 바이러스가 만들어지게 되었느냐?'는 것입니다. 최초의 감염자는 공교롭게도 박쥐들을 놀라게 한 불도저의 회사인 AIMM 사의 임직원이었습니다. 이 바이러스가 만들어진 우연에는 숲을 밀어내고 그 자리에 돼지 축사를 지어 돼지를 대량 사육하는 인간이 크게 기여했던 것입니다. 박쥐와 인간 사이가 더 가까워져서 박쥐 바이러스를 보유한 과일박쥐가 돼지 축사에 쉽게 들락날락하게 됩니다. 박쥐라고 해봐야 배트맨과 드라큘라를 떠올릴 정도로 박쥐는 우리의 일상에서 멀리 있습니다. 그러나 박쥐가 우리와 같은 포유류에 속한다는 사실을 놓쳐서는 안 됩니다. 포유류에 속한다는 것은 그만큼 전염성 질병에 대해 공통적으로 감염될 가능성이 높아진다는 것입니다. 박쥐가 일반적으로는 우리와 접촉할 일이 없지만, 숲이 파괴되고 인간이 숲으로 진출하는 과정에서 박쥐와의 접촉이 많아지고 박쥐가 보유하고 있는 낯선 바이러스를 만날 가능성이 많아지게 됩니다.

## 박쥐의 바이러스가 사람에게
## 치명적인 질병을 일으킨 경우가 실제로 있었어요?

그럼요. 1999년의 니파 뇌염은 박쥐의 바이러스가 돼지를 거쳐 사람에게 감염된 경우로 말레이시아, 싱가포르 등지에서 치사율 50%로 100여 명이 사망했어요. 2002년에 중국에서 발생한 사스도 마찬가지예요. 사스의 전염 경로는 영화 〈컨테이젼〉의 단초가 되기도 했어요. 사스는 박쥐의 바이러스에 감염된 사향고양이를 손질하던 요리사가 최초 감염자였고, 이 요리사를 진료한 의사가 홍콩의 한 호텔에 머물면서 슈퍼 전파자가 되었답니다. 공식적으로 사스에 걸려 사망한 사람은 700여 명입니다. 2014년에 전 세계를 떨게 한 에볼라 바이러스도 대표적인 예입니다. 이 바이러스의 자연숙주는 과일박쥐로 알려져 있어요. 과일박쥐는 무리지어 살기 때문에 바이러스가 집단 안에서 여러 단계에 걸쳐 변이될 가능성이 커요. 그래서 2014년, 에볼라 바이러스가 유행할 당시 사람들은 서아프리카의 주민들이 과일박쥐를 비롯한 야생동물을 잡아 날 것으로 먹는 식습관에 대해 비난하기도 했어요. 야생고기를 먹으려고 손질하거나 팔고 사는 과정에서 바이러스가 옮을 수 있거든요. 2014년에 발발한 에볼라 바이러스의 최초 감염자는 아주 어린 남자아이인 것으로 밝혀졌는데요. 이 아이가 박쥐에게 물렸거나 가벼운 상처가 나서 전염되었을 가능성도 배제할 수는 없습니다.

### 박쥐의 바이러스가 그렇게 위험해요?

박쥐끼리는 잘 전염되지만, 병원성은 낮아요. 문제는 사람이지요. 인간이 숲을 떠난 이후로 박쥐의 바이러스는 전염과 증식을 반복하며 많은 변이를 만들고 계속해서 진화했어요. 그동안 인간은 적응할 기회를 놓쳤고요. 이 바이러스에 대해 전혀 업데이트되지 않은 것이죠. 인간에게 잘 감염되고 치명적인 바이러스에 한 명이라도 감염된다면 정말 무서운 대유행이 시작될 수 있어요.

박쥐는 포유류 중에서도 2번째로 큰 집단이에요. 전 세계에 천여 종이 있고, 집단으로 서식한다는 점에서 야생 조류 못지않게 다양한 바이러스를 보유한 자연숙주일 가능성이 높습니다. A형 독감 바이러스뿐 아니라 2012년에는 기존의 A형 독감과는 다른 H17(그전까지 A형 독감 바이러스는 H1~16까지로 분류되었음)을 가진 새로운 종류의 A형 독감 바이러스가 발견되기도 했습니다. 우리는 동물들의 바이러스에 대해 정보가 턱없이 부족한 상황이에요.

### 이게 다 오랫동안 숲을 떠나 있던 인간이 다시 숲을 찾고 파괴하면서 생긴 일이군요.

그렇습니다. 잠재적인 바이러스들에게 감염될 가능성이 높은 위험한 행동이기도 합니다.

지구 생활자를 위한 핵, 바이러스, 탄소 이야기

# 06

# 공장식 사육,
# 돌연변이 바이러스를
# 만들어내다

너비 0.6m, 길이 2m.

돼지 한 마리가 태어나 평생을 보내는 곳.

콘크리트나 철망으로 된 바닥에

그대로 서서 먹고 싸고 자는 모든 일을 해야 하는 곳.

공장식 밀집사육장.

## 돼지를 키우는 축사를
## 왜 공장이라고 불러요?

그곳은 돼지가 도축되어 고기가 될 때까지 살을 찌우고 또 찌워야 하기 위해 설계된 곳이기 때문입니다. 돼지가 병들어 죽어버리면 정말 아까운 일이기 때문에 어떻게든 제 값을 받을 때까지 살게 하기 위해 사람들은 돼지에게 항생제를 주고 또 줍니다. 돼지는 병에 걸리지 말라고 준 항생제 때문에 면역력이 점점 약해집니다. 좁은 공간에서 악취와 소음에 둘러 싸여 온갖 세균이 득실거리는 비위생적인 환경 속에서 돼지가 스트레스 받지 않고 아프지 않으면 그게 더 이상한 일입니다. 이 공간에서 아픈 돼지들이 서로 부대끼며 상처를 내기도 합니다. 상처를 많이 내고 공격적인 행동을 보이기 때문에 아기 돼지의 이빨을 뽑습니다. 그리고 상처 나는 일이 없도록 꼬리를 자르고 공격성을 낮추기 위해 거세를 시킵니다. 오로지 맛있는 돼지고기를 만들어내기 위한 목적이지요. 이것이 바로 가능한 싼 값으로 돼지고기를 공급하기 위해 돼지가 사육되는 공장식 사육의 모습입니다. 이렇게 사육되는 돼지들은 면역력이 약해져 바이러스 감염에 취약한 상태입니다. 여기서 바이러스 감염이 시작되면, 건강한 돼지 집단보다 상대적으로 전염성이 높을 수밖에 없답니다.

## 공장식 사육이
## 돌연변이 바이러스와 무슨 상관이에요?

공장식 밀집사육이 바이러스에게는 더할 나위 없이 좋은 기회입니다. 면역력이 떨어진 약한 돼지들이 따닥따닥 모여 있으니 한 마리만 바이러스성 전염병에 걸리면 순식간에 전파되겠죠. 게다가 여러 돼지를 거칠수록 바이러스는 돌연변이가 점점 많이 일어나게 됩니다. 그리고, 종간 장벽을 넘는 데에도 돼지가 중간에 다리를 놓는 경우가 많습니다. 바이러스의 복제 과정에서 여러 종의 A형 독감 바이러스가 섞여 나타나는 잡종 바이러스가 생겨나고 종간 장벽을 넘는 가능성이 높아집니다. 이럴 때, 돼지는 여러 바이러스의 혼합 용기 역할을 하는 셈이죠.

## 돌연변이가 생기면
## 어떤 일이 생기는데요?

기껏 만든 백신도 소용없게 되죠. 한 예로, 우리나라에서 돼지가 걸리는 대표적인 바이러스성 전염병 중에 하나가 '구제역'이에요. 한때 구제역이 발생하지 않는 깨끗한 나라라고 '구제역 청정국'의 지위를 갖고 있던 우리나라에서 이제는 구제역이 수시로 발생하고 있어요. 백신도 소용이 없습니다. 백신을 맞아 구제역 바이러스에 대한 항체가 형성된 것을 확인한 돼지도 구제역에 걸리는 일이 발생하고 있어요. 그만큼 구제역 바이러스의 변이가 빠르게 진행되고 있다는 것을 의미하지요. 바이러스에 백신이 잘 맞을수록 바이러스를 막기에 적합한 항체를 생성하게 됩니다. 그러나 새롭게 유행하는 구제역 바이러스는 이미 백신을 만들 때의 바이러스에서 변이가 진행된 경우가 많습니다. 일각에서는 이미 우리나라에 구제역 바이러스는 널리 퍼져 늘 존재하는 것으로 간주하고 있습니다. 구제역 바이러스가 가축의 몸에서 숨어 있다가 나타나는 것이라고 생각해요.

## 어쩌다 구제역이
## 전국에 퍼져버렸을까요?

가장 큰 이유는 여러 곳의 축산시설들이 동일한 도축장을 이용하기 때문입니다. 도축장에 들어온 구제역 돼지로부터 바이러스가 옮겨져서 트럭을 타고 여러 돼지 농장으로 이동하게 됩니다.

구제역이 전파되는 경로는 다양합니다. 가장 일차적인 경로는 감염 개체와 직접 접촉하는 것이에요. 우리나라에서처럼 여러 곳으로 구제역이 전파되는 경우는 사료업체의 차량이나 도축 과정에서 오염되었을 경우가 많아요. 또 바람을 통해서 전파되거나 오염된 가죽과 모피가 유통되면서 장거리 또는 국가에서 국가로 전파되기도 합니다.

## 구제역은
## 사람에게도 전파될까요?

보통은 전파되지 않아요. 하지만 정확히 말하면, 아주 낮은 확률로 사람에게 전파될 수도 있습니다. 구제역은 돼지뿐만 아니라, 소나 양 같이 발굽이 있는 우제류에 감염되는 병입니다. 1967년에 영국에서 구제역이 발생했을 때, 구제역 바이러스에 오염된 우유를 마신 사람이 독감에 걸린 것 같은 증상이 나타났다고 합니다. 발열과 인후통 같은 증상만 나타났다면 사람들은 독감으로 치부했을 것입니다. 그러나 독감 증상 이외에도 손에 수포가 형성이 되고 혀에 발진이 나타났습니다. 이것은 소나 돼지에게 나타나는 증상과 비슷했지요. 구제역에 걸리면 일주일 정도의 잠복기를 거쳐 고열, 식욕감퇴 같은 증상이 나타나고 젖소는 갑자기 젖이 줄기도 합니다. 거품이 섞인 침을 흘리며 혀, 입술, 잇몸과 발굽 사이에 수포가 형성됩니다. 수포가 터지면 크고 작은 상처가 되고 이대로 상처가 아물면 구제역에서 회복됩니다. 어른 소는 5% 정도가 죽고, 송아지는 50% 이상의 치사율을 보입니다. 돼지에서도 어린 돼지의 치사율이 50% 이상입니다. 사람이 구제역 바이러스에 걸려 구제역과 비슷한 증상을 보인 경우는 수십 건 보고가 되어 있지만, 구제역 바이러스를 직접 분리하여 확인한 경우는 아직까지 없기 때문에 사람은 거의 걸리지 않는다고 하는 것입니다.

## 피해를 줄이는 방법은 없을까요?

공장식 축산을 그만두는 것은 많은 사람이 원하지 않을 것입니다. 지금과 같은 가격에 돼지고기를 먹을 수가 없을 테니까요.

현재 가장 최선은 구제역이 발생한 곳에서 다른 곳으로 전파되는 것을 초기에 차단하는 것입니다. 보통 구제역이 발견되면 그 농장에 있는 감염된 가축의 종은 모두 매몰하여 처리합니다. 한 마리만 구제역이 발생해도 나머지 걸리지 않은 돼지들까지 죽이고 있어요. 이유는 잠재적인 전염을 차단하기 위해서입니다. 구제역 바이러스는 접촉이 없어도 공기 중으로 수 킬로미터까지 퍼질 수 있기 때문에 발병이 관찰되는 즉시, 해당 농장의 가축을 모두 죽여 매장시킵니다. 이것을 살처분이라고 해요. 구제역에 걸렸다가 나은 가축은 구제역에 대한 면역 능력이 훌륭한 편인데도 같은 농장에 산다는 이유로 죽입니다. 해당 농장은 폐쇄되고 철저하게 소독하고요.

## 구제역 예방 백신을
## 주사하면 되지 않을까요?

처음부터 백신을 주사하지는 않습니다. 구제역 예방 백신을 맞으면 구제역 청정 국가라는 타이틀을 가질 수 없거든요. 실제로 구제역이 없는데 예방 백신을 맞을 필요는 없기도 하고요. 하지만 구제역이 자꾸만 반복되면 그때에는 예방 백신을 접종합니다. 예방 백신의 접종은 구제역의 발병은 많이 줄일 수 있지만, 완전히 끊어내지는 못합니다. 우리나라에도 이미 구제역이 겨울마다 발생하는 양상으로 접어들었다고 보는 시각도 있습니다. 마치 사람들에게 계절성 독감이 유행하는 것처럼 소나 돼지들 사이에서 잠복하다가 유행하게 되는 것입니다. 구제역 바이러스도 RNA 바이러스이기 때문에 돌연변이가 계속적으로 발생합니다. 예방 백신이 효능을 발휘할 수 있는 일정 범위가 있기 때문에 구제역 백신도 독감 백신만큼은 아니어도 계속적인 모니터링과 업데이트가 필요합니다.

## 바이러스의 돌연변이는
## 정말 쉽게 일어나는 것 같아요.

바이러스의 돌연변이는 다른 생명체에 비하면 정말 쉽게 일어납니다. 바이러스는 간단하게 유전물질을 담아둔 아주 작은 상자라고 생각하면 됩니다. 유전물질과 유전물질을 둘러싼 상자의 모양에 따라 바이러스의 종류가 달라집니다. 물론 침투할 수 있는 생물의 종이나 세포의 종류도 달라지게 됩니다. 바이러스라는 상자가 어떤 세포에 들어가면 유전물질을 복제해서 여러 개의 비슷한 상자를 다시 만들어냅니다. 그런데 유전물질을 복제할 때 오류가 발생할 수 있어요. 그러면 원래의 상자와는 내용물이 다른 상자가 만들어집니다. 돌연변이가 되는 거죠.

## 하나의 세포에 둘 이상의 바이러스가
## 침투할 수도 있겠네요?

또 만약 하나의 세포에 둘 이상의 바이러스가 침투한다면 어떤 일이 일어날까요? 바로 두 바이러스의 유전물질이 하나의 상자에 들어가는 일이 우연히 발생할 수 있습니다. 그러한 우연에 의해 여러 바이러스 사이의 잡종이 낮은 확률이지만 나타날 수 있는 것입니다. 공장식 축산이라는 비정상적인 돼지들의 밀도에서는 바이러스의 돌연변이는 이전보다 더 빠르게 나타날 수밖에 없습니다. 돼지만의 문제가 아니라 굽을 가진 가축들이 두려워할 일이고 혹시 하는 마음에 사람이 두려워해야 할 일인 것입니다.

# 07

# 바이러스와의
## 전쟁

바이러스는 너무나 작아서

사람의 눈으로는 보이지 않습니다.

전자현미경이 개발되고 나서야

사람들은 무서운 전염병의 원인이

바이러스라는 것을 알고 실체를 확인할 수 있었지요.

바이러스에 대한 연구가 계속될수록

새로운 바이러스도 계속 출몰하고 있어요.

바이러스에 대해 함께 알아보면서

바이러스를 막을 방법들에 대해

생각해 봅시다.

## 눈에도 안 보이는 바이러스,
## 대체 얼마나 작은 거죠?

하도 무섭다고 하니까 바이러스라면 무시무시하고 징그러운 괴물을 떠올릴지 모르겠어요. 사실 바이러스는 눈에 보이지도 않을 정도로 작습니다. 귀엽다고 말하기조차도 민망할 만큼 작아요. 지름이 100nm 정도인 공 모양이라고 하면 상상이 될까요? 100nm는 1mm를 10,000 등분한 크기랍니다. 과학 시간에 양파 표피세포나 입안상피세포를 관찰한 경험이 있지요? 바이러스는 그 세포들보다 100분의 1 정도로 작습니다. 인간의 세포는 광학현미경으로 관찰할 수 있지만, 바이러스는 너무 작아서 더 정밀한 전자현미경으로 관찰해야 하지요. 우리가 책에서 보는 바이러스 사진은 모두 전자현미경으로 촬영한 것이랍니다. 원래 전자현미경으로는 흑백 사진밖에 찍을 수가 없는데, 모양을 알아보기 좋게 여러 색을 덧입혀 놓는 경우가 많죠. 전자현미경을 통해 관찰한 바이러스는 대체로 원통 모양이거나 구 모양에 가까워요. 바이러

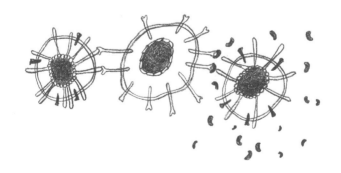

지구 생활자를 위한 핵, 바이러스, 탄소 이야기

스의 내부는 놀랍도록 단순한 구조예요. 유전물질 말고는 든 게 없거든요. 바이러스를 만드는 데 필요한 최소한의 설계도만 들어 있지요.

## 작은 바이러스가
## 어떻게 우리를 아프게 하죠?

우리가 아픈 건 바이러스 때문이라기보다 바이러스의 침투에 반응하는 우리 몸의 면역체계 때문입니다. 우리 몸의 면역체계는 '내'가 아닌 '남'이 존재하는 것을 정말로 싫어하거든요. '남'에게 협조한 '나'도 결코 용납하지 않습니다. 바이러스는 정처 없이 떠돌아다니다가 숙주를 만나 숙주 내부로 침범합니다. 숙주가 존재한다고 무조건 감염이 일어나는 것은 아닙니다. 바이러스마다 감염을 일으킬 수 있는 세포의 종류가 제한되어 있기 때문입니다. 예를 들어 독감 바이러스는 기도에서 목에 가까운 세포들을 통해 우리 몸에 침입을 하기 때문에 기도 윗부분에 대한 접근만 막으면 독감 바이러스에 걸리는 걸 막을 수 있습니다. 어쨌든 바이러스는 우리 몸의 세포 안으로 몰래 들어옵니다. 도둑처럼 말입니다. 그리고 세포 안에 있는 재료와 도구를 마치 자기 것인 양 써버리면서 많은 양의 자손 바이러스를 만듭니다. 침입한 바이러스와 유전적으로 거의 동일하게 복제된 바이러스들은 세포 안을 가득 채우고 있다가 세포 밖으로 배출됩니다. 우리 몸에서는 바이러스가 어떤 세포 안에 들어갔는지 처음에는 모릅니다. 우리 몸의 방어체계는 바이러스가 나온 뒤에야 바이러스 복제에 협조한 세포를 찾아 내어 그 세포를 제거합니다. 바이러스에 감염된 변절자 세포이지만 결국은 우리 몸이 스스로의 세포를 공격해야 하는 상황이 생기는 거예요. 당연히 아플 수밖에 없겠죠? 그리고 방금 전 복제된 바이러스가 주변에 있는 세포들에 침투하여 같은 일이 반복되면 아픔은 더욱 커지게 됩니다.

**우리 몸의 방어체계는 뒷북만 치는 셈이네요?**
**정작 공격하는 것도 우리 세포인 셈이고요.**
**방어체계가 직접 바이러스를 물리칠 수는 없나요?**

직접 물리치기도 해요. 단지 시간이 걸릴 뿐이지요. 침입이 감지되면 우리 몸은 제일 먼저 바이러스를 밖으로 내보내거나 걸러내려는 시도를 하죠. 피부나 점막이 그 역할을 합니다. 하지만 모두 다 걸러지는 건 아니에요. 일부 바이러스는 몸속으로 들어오는 데 성공합니다. 우리 몸은 재채기를 통해 강제로 바이러스를 밖으로 보내려는 시도를 하기도 합니다. 그러면서 동시에 항체를 만들기 시작하죠. 하지만 항체가 만들어지기까지 시간이 걸리기 때문에 대응이 늦어지면 우리 몸은 더 고통스러워지겠지요. 한번 항체가 만들어지면 같은 바이러스가 또 다시 침입했을 때 더 빠르게 항체를 만들어 대응할 수 있는 면역력을 갖게 됩니다.

지구 생활자를 위한 핵, 바이러스, 탄소 이야기

공기 중을 떠돌던 독감 바이러스들이 코를 통해 들어왔다. 코털이나 점막에 걸려 진입에 실패한 바이러스도 있지만, 일부는 기도를 덮고 있는 상피세포에 침투하는 데 성공한다. 아직 면역체계가 가동되지 않았으니 모든 작업은 은밀히 진행해야 한다. 침투에 성공한 독감 바이러스는 소중히 간직해온 자신의 설계도(유전물질)를 꺼내들고 세포의 핵으로 접근한다. 세포의 DNA인 것처럼 꾸며 사람의 유전물질 안에 살짝 끼워 넣었다. 이제 세포의 자동 설비가 바이러스 설계도대로 바이러스를 만들어 내는 것을 지켜보면 된다. 설계도를 복사하는 데 조금씩 오류가 발생하기는 하지만 바이러스는 공정이 매우 만족스럽다.

일주일 정도 지났다. 목표량 백만 개에 조금 못 미치지만 새로 복제된 바이러스가 세상을 향해 나갈 준비가 다 되었다. 세포막 안쪽에 붙어 대기하던 바이러스들은 다 함께 세포막 바깥쪽으로 나아갔다. 세포막에는 한 개의 안전고리로만 연결되어 있다. 이 안전고리만 풀면 새로운 바이러스들은 기도로 뛰어들게 된다. 안전고리를 풀고 날아간 바이러스들은 대부분 멀리 가기도 전에 주변 상피세포에 빠르게 침투했다. 어떤 바이러스는 점막에 탑승하더니 폭풍 같은 소리를 내며 날아갔다. 재채기 로켓에 실려 바깥세상으로 날아갔다고 한다.

한편 순찰세포들이 안전고리가 달린 세포들을 발견하고 바이러스의 침입 사실을 본부와 주변 면역세포에게 경보를 통해 알린다. 안전고리 샘플은 본부로 보내어졌다. 더 이상 뒷북을 칠 수 없었다. 바이러스를 퇴치하려면 항체를 빨리 만드는 수밖에 없다. 항체가 있으면 바이러스들을 한데 묶어서 처치할 수 있다. 그러나 맞춤형 제작을 위해서는 시간이 걸린다. 그때까지 콧물과 재채기로 어떻게든 버텨야 한다. 면역세포 부대들도 속속 도착하고 있다. 체액도 많아지고 열도 높아진다. 면역세포들은 순찰세포들과 함께 바이러스 제작에 협조한 세포들을 제거해 나가기 시작했다.

일주일 정도가 더 지나서야 항체가 만들어졌다. 항체는 바이러스들을 찾아내 한곳에 묶어놓을 것이다. 스파이더맨이 거미줄로 범죄자들을 옴짝달싹 못하게 묶어놓듯이 말이다. 이제 순찰세포들은 바이러스들을 제거하기만 하면 된다.

## 마스크만 잘 쓰면
## 바이러스를 막을 수 있을까요?

마스크는 꽤 중요한 역할을 해요. 우리가 아는 바이러스 질병의 대부분이 호흡기를 통해 감염되기 때문이죠. 하지만 바이러스마다 감염시키는 세포와 조직이 달라요. 그에 따라 전염성에도 큰 차이가 있지요. 예를 들어 신종플루 같은 독감 바이러스는 호흡기 중에서도 주로 기도의 윗부분을 감염시켜요. 같은 호흡기이지만 메르스를 일으키는 코로나 바이러스는 기도의 아랫부분을 감염시키고요. 독감보다 메르스가 상대적으로 전염성이 떨어지는 이유도 기도의 아랫부분까지 도달하는 게 더 힘들기 때문이랍니다. 메르스가 주로 병원 안에서만 전파되는 것은 농축된 바이러스가 기도로 침투하기 때문이랍니다. 한편 뇌염 바이러스는 말 그대로 뇌염을 일으켜요. 이 바이러스는 혈액을 통해 뇌에 침투하여 뇌염을 일으킨답니다. 호흡기에 비하면 전염성은 낮지요. 특히 사람 대 사람의 감염은 더더욱 힘들고요. 뇌염이 일어난 감염 조직이 다른 사람에게 노출되는 일이 드물 테니까요.

호흡기는 호흡을 통해 전염되고 증식된 바이러스를 호흡기를 통해 내보내기 때문에 사람 대 사람으로의 전염성이 가장 커요. 그 다음으로 전염성이 큰 건 소화기를 통해 감염되는 경우예요. 소화기가 감염되면 대표적으로 장염과 설사 등의 증세가 나타나요. 주로 소화기의 상피세포가 감염되기 때문이에요. 대변을 통해 증식된 바이러스가 배출되기 때문에 오염된 물을 통해 전염되는 수인성 전염병의 원인이 됩니다. 조류독감 바이러스가 새들에게서는 호흡기뿐만 아니라 소화기에 주로 침투하기도 합니다.

그러니 마스크 쓰는 일과 손을 잘 씻는 일이 얼마나 중요한지 잘 알겠지요? 그 외에 피부에 상처를 잘 소독하고 관리하는 것, 모기 같은 벌레를 퇴치하는 것 등도 좋은 방법이 된답니다. 호흡기 바이러스 외의 바이러스는 변이가 일어날 가능성이 낮아서 독감처럼 매년 예방백신을 맞을 필요도 없어요.

### 치료제는 따로 없어요?

독감에 걸렸을 때 먹는 약으로 타미플루가 유명하죠. 이 약은

2009년 신종플루가 유행했을 때 많이 알려졌어요. 당시 이 약의 원료가 팔각회향이라는 한약재라고 알려지는 바람에 품귀현상이 일어나 가격이 오르기도 했습니다. 그러나 타미플루는 화학적으로 만들어진 약입니다. 다만 무에서 유를 창조한 것이 아니라 팔각회향에서 많이 얻을 수 있는 시킴산이라는 물질을 화학적으로 변형하여 만들었을 뿐이죠. 팔각회향이 타미플루와 유사한 효과를 나타낼 리는 당연히 없습니다.

　독감 증상이 나타난다는 이야기는 호흡기 세포 중 일부가 이미 독감 바이러스에 감염되었다는 것을 의미합니다. 감염된 세포들이 만들어낸 새로운 독감 바이러스는 주변 세포들을 감염시키거나 기침과 재채기, 콧물 등을 통해서 몸 바깥으로 빠져나가게 됩니다. 독감 바이러스가 우리 몸에 들어오는 것을 막을 수 있다면 제일 좋겠지만 이미 감염된 상황이라면 독감 바이러스에 대항할 수 있는 최선의 방법 중 하나는 감염된 세포 안에서 새로운 바이러스들이 조립되어 나오기 전에 감염된 세포를 조립 중인 바이러스와 함께 없애버리는 것입니다. 이 또한 우리 몸의 방어체계에 이미 존재하는 방법입니다. 다만 방어체계가 제대로 가동하기까지 시간을 벌어야 합니다. 바이러스가 침입하면 우리 몸의 방어체계에서는 바이러스에 대한 정보를 분석하고 이에 대처할 전략을 세워 효과적인 방어에 나서게 됩니다. 최소한 일주일 정도가 걸리죠. 보통 독감에 걸리면 일주일 정도는 증상이 호전되지 않고 많이 앓게 되는 것도 바이러스에 대한 정보를 분석하고 본격적인 방어에 들어갈 때까지 시간이 걸리기 때문입니다. 독감에 걸렸을 때 잘 먹고 잘 쉬는 것이 최선이라는 것은 우리 몸의 방어체계가 빠르고 적절하게 가동될 수 있는 환경을 만들어주라는 뜻입니다. 이 일주일 정도의 시간 동안 새로 조립된 바이러스가 세포 밖으로 튀쳐나오는 것을 붙들어 둘 수만 있다면 바이러스 치료제로 좋은 조건을 갖게 되는 것입니다.

### 타미플루 말고
### 다른 독감 치료제는 없을까요?

타미플루와 함께 널리 쓰이는 독감 치료제로 리렌자가 있습니다. 이 두 약의 공통점은 바이러스가 만들어지는 과정을 막지 못하지만, 새로 만들어진 바이러스들이 감염된 세포를 떠나지 못하도록 붙들어둡니다. 독감 바이러스 종류가 다양해도 감염된 세포를 떠나가는 방법은 공통입니다. 그래서 타미플루와 리렌자는 어떤 종류의 바이러스에 감염이 되어도 널리 쓰일 수 있는 약들입니다. 이렇게 바이러스에 대항할 수 있는 치료제를 항바이러스제라고 합니다. 타미플루와 리렌자는 바이러스를 감염된 세포 안에 붙들어두어야 하기 때문에 증상이 발생하고 48시간 이내에 투약을 해야 효과를 낼 수 있다고 합니다. 시간이 지나면 이미 재감염이 많이 이루어져서 투약되는 양으로는 새로운 바이러스들을 붙들어두는 것이 한계가 있기 때문이죠.

타미플루와 리렌자 말고도 아만타딘과 리만타딘이라는 항바이러스제도 있습니다. 이 약은 독감 바이러스가 껍질이 벗겨져야 자신의 유전물질을 세포의 유전물질 속에 끼워 넣는다는 점에 착안하여 만든 약으로, 바이러스의 껍질이 벗겨지는 것을 막아요. 바이러스가 세포 속으로 침입해도 유전물질이 복제되거나 껍질이 생산되는 것을 막는 것이지요. 증상이 나타나고 48시간 내에 이 약들을 먹으면 바이러스의 체내 재감염을 줄일 수 있습니다.

**항바이러스제는
바이러스를 직접 공격하는 치료제라기보다
방어할 수 있을 때까지
시간을 벌어주는 역할이군요.**

이 약들은 예방효과도 있다고 해요. 바이러스가 세포로 침투하거나 떠나는 걸 막는 약이니 증상이 발생하기 전에 미리 먹으면 예방효과도 낼 수 있겠지요. 예를 들어 독감 환자와 직간접적으로 접촉한 다음 이 약들을 먹으면 내 몸의 세포가 바이러스에 감염되는 것을 막거나 막지는 못해도 복제된 바이러스에 의해 세포들이 재감염되는 것을 막을 수는 있습니다. 단, 예방효과는 약물이 내 몸에 존재하는 동안에만 있습니다. 길어야 48시간 정도 효과가 지속되는 셈이지요. 엄밀히 말하면 예방효과라기보다는 치료

지구 생활자를 위한 핵, 바이러스, 탄소 이야기

제를 미리 먹어서 약효가 가능한 빨리 나타날 수 있도록 준비해
두는 것이지요.

## 항체가
## 더 빨리 만들어지게 할 수는 없어요?

드라큘라가 나오는 영화를 본 적 있나요? 드라큘라는 보통 총
알로는 막을 수 없고 은으로 만든 총알을 써야 죽일 수 있어요. 항
체는 어찌 보면 바이러스라는 드라큘라를 퇴치하기 위해 우리 몸
에서 만들어내는 맞춤형 은총알이라고 할 수 있어요. 우리가 어떤
병에 대해 "면역이 되었다"는 말은 "그 병의 원인 물질에 대한 항
체를 만들 준비가 되었다"는 뜻과 같아요. 항체를 만들 수 있다는
것은 그 전에 그 바이러스가 우리 몸에 들어왔다는 것을 의미하기
도 하지요.

우리 몸이 독감 바이러스에 감염되면 몸의 방어체계가 가동하
기까지 시간이 걸리는데 이것은 바이러스에 대한 정보를 분석하
고 이를 퇴치하기 위한 준비를 하기 때문입니다. 이 정보를 바탕으
로 항체를 만들어 내고 독감 바이러스에 감염된 세포들을 찾아내
제거할 수 있는 특별한 암살자 세포를 훈련시킵니다. 항체와 암살
자 세포를 준비할 때까지는 아무리 적게 잡아도 일주일 정도의 시
간이 걸립니다. 한번 경험한 후에는 우리 몸이 바이러스를 기억하
여 독감 바이러스가 다시 침입하면 그때에는 즉각적으로 항체와

암살자 세포를 만들어 빠르게 방어하게 됩니다. 우리 몸이 바이러스를 미리 만나지 않고도 바이러스를 알고 기억할 수 있다면 처음 만나는 독감이라도 미리 준비할 수 있게 됩니다. 이 원리를 이용해서 독감에 걸리기 전에 미리 독감을 경험해보는 방법이 예방접종입니다.

## 어떻게 독감처럼 안 아프면서
## 독감을 경험하게 하죠?

독감 바이러스를 부숴서 우리 몸에 넣어준다고 생각하면 이해가 쉽습니다. 지금처럼 과학이 발달하지 않았을 때에도 인류는 경험을 통해 어떤 병은 한번 걸리면 그 다음에는 잘 걸리지 않는다는 것을 알고 있었습니다. 천연두에 대해서도 마찬가지였고 경험에 근거하여 여러 지역에서 종두법이 이뤄지고 있었습니다. 천연두를 약하게 앓았던 사람의 수포에서 나온 고름을 피부에 바르거나 상처딱지를 가루로 빻아 코로 흡입하는 방법이 아시아와 중동지역에서 널리 행해졌습니다. 영국에서는 소를 키우는 농부들이 사람의 천연두와 비슷한 우두를 앓으면 천연두에 걸리지 않거나 걸려도 약하게 앓게 되는 것을 알고 있었습니다. 그래서 영국의 농촌에서 우두에 걸린 소나 사람의 고름을 상처부위에 발라 접종을 하는 방법이 행해지고 있었습니다. 이를 영국의 의사 제너가 최초로 과학적으로 증명을 했고, 우리는 제너가 최초로 종두법을 개발한 사람이라고 알고 있는 것입니다. 백신(Vaccine)이라는 용어는 파스퇴르에 의해 처음 사용되었다고 하는데요. 암소로부터 얻은 약이 천연두를 예방했기 때문에 'Cow'의 라틴어인 'Vacca'와 약이라는 의미의 Medicine이 합성된 말입니다.

백신을 주사하는 것은 모의 훈련과 같습니다. 독성이 약해졌거나 제거된 바이러스를 주사하여 우리 몸의 방어체계가 미리 바이러스에 대한 정보를 분석하고 대비하도록 하는 원리입니다. 천연두를 예방하기 위해 제너가 사용했던 백신은 우두의 고름이었습니다. 고름에는 백혈구에 의해 파괴된 우두 바이러스의 파편들이 들어 있었습니다. 바이러스의 파편들은 온전한 바이러스가 아니어서 몸을 아프게 하지는 않지만, 바이러스에 대한 정보를 제공하여 항체를 만들어냅니다. 그래도 고름을 쓴다니까 더럽다는 생각이 드네요. 오늘날 사용하는 백신은 깨끗하게 정제된 것을 사용하니 더러울까봐 걱정할 필요는 없어요.

오늘날에는 고름이나 상처를 사용하지 않고 백신을 만들어냅니다. 독감 바이러스 백신은 생백신과 사백신으로 구분합니다. 생백신은 말 그대로 살아있는 백신입니다. 대신 독성을 약하게 만들어버렸기 때문에 증상이 나타나지는 않습니다. 생백신의 독성을 약하게 하는 방법은 돌연변이가 잘 만들어지는 원리를 이용한 것입니다. 숙주인 인간세포에서 배양한 뒤에 다른 종의 세포에서 배양합니다. 이렇게 바이러스를 여러 세대에 걸쳐 배양하면 여러 종류의 돌연변이가 점차 쌓이게 됩니다. 다른 종의 세포에 더 적응하여 인간에게는 감염력이 없는 바이러스가 완성이 됩니다. 이 바이러스를 깨끗하게 농축하여 임상실험을 하면 인간에게 실제로 독성이 나타나지는 않는지, 방어체계에 적절한 정보를 제공하여 예방효과가 나타나는지를 알 수 있습니다. 일단 검증이 되면 일반 병원에서 예방접종에 사용할 수 있게 됩니다. 병을 일으키는 성질이 약해졌다고는 하나 살아있는 바이러스를 내 몸에 넣는다니 알고 맞으면 기분이 찜찜할 수도 있을 거예요. 충분한 검증을 통해 안전이 보장된 것이니 걱정은 안 해도 됩니다. 다만 면역력이 약한 노약자나 임산부의 경우는 생백신은 피하는 것을 권장합니다. 예상 못한 부작용의 위험은 늘 있으니까요. 계절형 독감 백신은 대부분 사백신입니다. 더 정확한 용어는 불활성화 백신이라고 합니다.

## 돌연변이를 어떻게 예측하고 백신을 만들어요?

세계보건기구(WHO)에서는 매년마다 전 세계에서 유행했던 독감 바이러스에 대한 정보를 종합하여 유행할 바이러스의 정보를 북반구는 2월, 남반구는 9월에 발표합니다. 유행할 것으로 예상되는 A형 독감 바이러스 2종, B형 독감 바이러스 1종을 선정합니다. 이 바이러스들을 무항생제가 처리된 깨끗한 유정란에 감염시킵니다. 유정란 안에서는 바이러스들이 마구 증식합니다. 유정란에서 증식된 바이러스들을 모아서 물리적, 화학적 처리를 통해 바이러스를 잘게 부숩니다. 이를 불활성화라고 하는데, 불활성화시켜서 정제와 농축 과정을 거치면 사백신이 완성이 됩니다. 보통 1인분의 계절독감 사백신을 만들기 위해서는 유정란 3개가 필요하다고 합니다. 5천만 명 분을 만들려면 1억 5천만 개의 유정란이 필요하다는 계산이 나오는데요. 이를 위해서 항상 일정한 양의 유정란을 확보하기 위한 특별한 양계장이 유지되어야 합니다. 6개월 정도의 시간을 거쳐 백신이 충분히 만들어지면 9~10월에 계절형 독감 예방 접종이 이루어져 겨울에 유행할 것에 대비하게 됩니다. 신종플루가 문제가 되었던 것은 예상하지 못한 독감 바이러스의 유행이 시작되었기 때문입니다. 우리가 예상하지 못하는 새로운 독감 바이러스의 출현은 예방을 위한 아무런 준비가 되어 있지 못하기 때문에 1918년을 떠올리면 공포에 떨며 조심할 수밖에 없었던 것입니다. 백신을 접종하면 우리 몸에는 항체 제작 체계가 활성화되어 바이러스가 침투하면 빠르게 항체를 생산하게 돼요.

## 항체를 직접 만들어 몸에 넣는 방법이 훨씬 효율적이지 않을까요?

맞아요. 백신 예방 접종은 항체를 만들어주기 위한 것입니다. 당연히 백신 접종 대신에 항체를 직접 우리 몸에 넣어주는 방법도 생각해 볼 수 있습니다. 이 항체를 얻을 수 있는 방법은 먼저 항체를 가진 사람으로부터 얻는 경우가 있습니다. 바이러스에 감염이 되었다가 완치된 사람의 피 속에는 바이러스에 대한 항체가 떠돌아다니고 있습니다. 혈장 성분만 헌혈 받아 혈청만 추출하면 혈청 안에 이 항체들이 포함되어 있게 됩니다. 그래서 이 혈청을 치료용으로 사용할 수 있는 것입니다. 실제로 이를 혈청 치료라고 부릅니다. 메르스 사태 때에도 중증 환자의 경우 혈청 치료를 시도한 바가 있습니다. 항바이러스제나 백신이 없을 때, 소수의 환자를 대상으로 시도할 수 있는 가능성 높은 치료법이지요. 그러나 많은 사람을 위한 치료제로는 턱없이 부족할 것입니다. 완치된 사람에게서 피를 계속 얻을 수는 없는 노릇이니까요. 같은 원리를 이용하면 다른 동물에게서 항체를 얻을 수 있는 방법이 있지만, 우리 몸의 방어 체계가 동물의 항체를 거부하는 경우가 발생하기 때문에 부작용이 큽니다. 생명공학 기술의 발달은 이러한 문제를 해결해 주었습니다. 실험용 쥐에 바이러스를 주사하면 인간과 마찬가지로 면역체계가 작동하여 바이러스에 대한 항체를 만들어서 바이러스를 퇴치하고 그 정보를 고스란히 기억해둡니다. 이때, 바이러스를 만드는 일을 하는 세포가 림프구입니다. 쥐에서 우리가 원하는 항체를 만들 수 있는 림프구를 뽑아내어 시험관에서 키우면 계속해서 항체를 얻을 수 있습니다. 다만 림프구는 수명이 몸 안에서도 한 달 정도밖에 되지 않기 때문에 끈질기게 살아남는 암세포와 결합한 잡종 세포를 만들어 오랫동안 키울 수 있게 하면 됩니다.

지구 생활자를 위한 핵, 바이러스, 탄소 이야기

마치 젖을 얻기 위해 젖소를 키우는 원리와 같습니다. 잡종 림프구를 시험관이라는 작은 목장 안에서 키우면 우리는 우유를 얻듯이 항체를 얻을 수 있습니다. 대량으로 항체를 얻는 것은 성공했지만 아직까지는 쥐의 항체라서 사람에게는 효과가 없습니다. 이세포의 DNA를 분석하여 이 항체에 대한 유전 정보를 얻고 이것을 인간의 항체로 바꿔주는 유전공학 공정을 거치면 비로소 사람의 항체를 대량으로 얻는 것이 가능해집니다. 우리 몸이 직접 항체를 만들어내기까지 기다리지 않아도 되고, 바이러스 감염으로 증상이 나타나면 주사를 통해 우리 몸에 넣어줄 수 있지요. 백신 부작용에 대한 걱정, 항체 형성의 확인이 필요없고 우리 면역계를 이용할 수 있는 장점이 있어요.

## 우리나라에서
## 질병을 예방, 감시하는 곳은 어디예요?

질병관리청이에요. 2020년 9월 이전에는 질병관리본부였지요. 2015년 메르스 사태로 신종 바이러스에 대한 대처 능력에 대해 비난도 많이 받았지만, 반드시 존재해야 할 기관으로 조명 받은 곳이 질병관리본부입니다. 여러 질병 중에서도 특히, 세계 전염성 질병의 현황을 다루고 1차적으로 그 질병이 국내로 유입되지 않도록 만전을 기해야 하는 곳입니다. 메르스 사태 때, 질병관리본부가 일차적으로 잘못한 점은 국내 의료기관과 중동지방 여행

객에게 메르스에 대해 충분히 홍보하고 교육하지 않은 점입니다. 질병관리본부가 했어야 할 일은 첫째, 중동지방을 여행하는 여행자가 발병국가와 비발병국가를 구분하여 인식할 수 있을 정도로 정보를 제공하는 것이었습니다. 여행자가 귀국 후 증상이 발병했을 때 메르스를 스스로 의심할 수 있는 여지를 만들어 놓아야 하는 것입니다. 둘째, 발병국가는 아니지만 중동지방을 다녀온 호흡기 증상을 보이는 환자를 대하는 의사가 메르스를 의심할 수 있을 정도로 의료기관과 의사들을 대상으로 충분하게 홍보했어야 합니다. 메르스에 대해서는 충분한 주의를 기울이지 못한 점은 아쉽지만, 그래도 질병관리본부가 있었기에 메르스에 그 정도로 대처할 수 있었던 것이라 평가할 수도 있는 것이죠. 우리의 방역체계는 마치 인체의 면역체계처럼 경험한 만큼 발달해 오고 있어요. 사스를 겪으면서 질병관리본부가 만들어졌고, 메르스를 거치면서 질병관리본부의 체계를 가다듬고 인력과 자원을 투자해야 할 필요성이 제기되었었죠. 코로나19 대유행 초기에 대처할 수 있었던 질병관리청의 능력은 하루아침에 만들어진 게 아니에요. 질병관리청의 역사는 감염병의 유행과 이에 대한 대응체계의 발달의 역사이기도 하네요. 앞으로 다양한 신종 감염병의 출현이 예측되는 만큼 국내외에서 발병하는 질병을 촘촘하게 감시하고 다양한 예방책을 마련하는 역할을 잘 감당해 주길 응원해야겠어요.

## 세계 곳곳에서 발생하는 전염병을
## 관리하는 곳은 어디예요?

세계보건기구는 세계 곳곳에서 발생하는 신종 전염병 정보를 모으고 관리하는 기관이지요. 신종플루나 에볼라가 발병되었을 때, 뉴스를 통해서 한번씩은 들어보았을 것입니다. 전 세계적으로 유행할 위험이 있고 상당한 독성이 있는 전염병에 대해서는 세계보건기구가 주도하여 전 세계의 보건정책에 중요한 정보를 제공합니다. 2009년 멕시코에서 신종플루가 발병하였을 때에도 세계보건기구에서 세계적인 대유행의 가능성이 있다고 미리 경고하였습니다. 멕시코 정부는 환자들을 격리시키고 대중시설을 폐쇄하는 조치를 내렸습니다. 아메리카 대륙을 벗어나 유럽 대륙에서 신종플루 감염 사례가 확인되자 세계보건기구는 신종플루 경보 단계를 3단계에서 4단계로 격상시켰습니다. 4단계는 대유행의 위험도에 대해서 고려하기 시작했다는 의미입니다. 중동에서도 신종플루 감염 사례가 확인되고 미국에서 사망자가 발생하자 세계보건기구는 경보 단계를 5단계로 올렸습니다. 5단계는 대유행의 가능성이 높아져서 세계적 대유행에 각국 정부가 대비해야 합니다. 2009년 6월 11일 전 세계 74개국에서 신종플루 때문에 사망한 사람이 141명인 것을 공식 발표하며 경보 단계를 최고 수준인 6단계로 올렸습니다. 6단계는 세계적 대유행이 될 것을 공식화하는 단계입니다. 전염병의 세력이 약화됨에 따라 세계보건기구에서는 그에 맞게 전염병 경보 단계를 낮추어 나갑니다. 세계 각국의 전염병 정보가 세계보건기구로 모이기 때문에 가능한 것입니다. 전염병에 감염된 사람 수, 이 병으로 죽은 사람의 수, 감염이 확산되는 속도, 감염된 병원체의 종류, 병원체의 유전 정보 등이 빠르게 집계되고 분석되어 세계 각국의 보건당국에게 제공됩니다. 세계보건기구는 평소에도 전염병이 적절히 통제되고 예방될 수 있도록 여러 정보를 제공하고 각 정부가 적절한 정책적 노력을 할 수 있도록 권고하는 역할을 합니다. 독감 예방 백신을 만들 수 있도록 유행이 예상되는 독감의 항원형을 공지하는 것도 세계보건기구의 중요한 일 중 하나입니다.

## 역학조사가 뭐예요?

전염병이 어디서 발생하여 어떻게 퍼지는지 조사하는 것을 말해요.

영화 〈감기〉에서는 치명적인 신종독감이 경기도의 한 곳에서 빠르게 확산하기 시작하고 이런 상황을 통제하기 위해 도시 전체를 차단하게 됩니다. 독감 바이러스는 초당 3.4명의 빠른 속도로 확산되고 치사율이 100%에 가까웠습니다. 실제 상황이라도 당연히 해당 지역을 폐쇄할 것입니다. 일단은 밖으로 퍼져 나오는 것을 막아야 하니까요. 그 안에 있는 사람들을 치료할 수 있느냐 없느냐는 차후의 문제입니다. 당장은 치료방법이 없으니 감염되지 않기를 바라거나 감염되더라도 면역력이 있어 이겨내기를 바라고 기다릴 수밖에 없을 것입니다. 잔인하다고 느낄 수 있겠지만, 더 많은 사람들을 보호하기 위해 어쩔 수 없는 선택이지요. 사실, 완벽하게 폐쇄하는 것도 쉽지 않은 일입니다. 사람의 이동뿐만 아니라 교통수단의 이동, 화물의 이동 등을 제한합니다. 사람이라는 숙주를 통해 병원체가 이동하는 것을 완벽하게 막아내기에는 오늘날 교통체계가 너무 발달해 있기 때문입니다. 그래서 그냥 무턱대고 전염병이 발생한 곳을 폐쇄하는 것이 아니고 전염병이 어디서부터 왔는지, 전염병이 발생한 곳의 특성, 전염병이 이곳에서 퍼져나갈 수 있는 속도와 거리 등을 고려하여 폐쇄할 범위를 정하게 됩니다. 전염병이 발생했을 때, 의사나 간호사조차도 감염자를 피하게 마련인데 전염병에 대한 조사를 해야 할 질병관리청의 직원들은 묵묵히 해내야 합니다. 이들이 하는 일을 역학조사라고 합니다.

역학조사원들은 환자들을 직접 만나 최근에 어떤 곳을 다녀왔는지, 누구를 만났는지 등의 일거수일투족을 자세히 조사하여 재구성하여 전염병의 시작이 어디인지를 찾아 나섭니다. 환자의 분비물을 분석하여 공통으로 발견되는 병원체가 무엇인지 알아내는 일도 합니다. 역학조사와 병원체 분석을 진행함과 동시에 전염병의 발생 정도, 피해 상황, 예상되는 병원체 등의 특성을 세계보건기구에 보고하여 전 세계로 전파합니다. 오늘날은 통신과 교통의 발달로 세계가 가까워진 만큼 전염병의 발병이 빠르게 보고되지 않으면 세계적인 위험으로 얼마든지 확대될 수 있습니다.

이러한 보건체계가 있기 때문에 2014년 아프리카에서 발병한 에볼라가 전 세계로 퍼지는 것을 막을 수 있었습니다. 발병국에서 우리나라로 입국하는 사람과 물자를 통제하는 역할을 각 지역의 검역소에서 담당했습니다. 검역소는 각 공항과 항구에 설치되어 있어서 전염병이 들어오지 못하도록 막는 문지기 역할을 합니다. 문지기가 제대로 된 정보가 없다면 그 역할을 정확히 수행하기가 힘듭니다. 그래서 세계보건기구와 각국의 질병관리청 같은 기관이 공조체제를 갖추어 놓은 것이지요.

질병관리청에는 행정적인 부서만 있는 것이 아니랍니다. 국립보건연구원이라는 국립연구기관이 포함되어 있어요. 평소 바이러스를 연구하고 위급 시에 바이러스를 분석하기 위해서는 안전을 보장할 수 있는 연구시설이 필요합니다. 바이러스 연구 시설은 4가지 등급이 있어요. 그중 독감 바이러스와 같이 위험한 바이러스는 BL(Bio safety Level)-3이나 –4의 실험 시설이 필요합니다. BL-3 등급은 사스처럼 치명적일 수 있으나 예방과 치료가 가능한 바이러스를 다룰 수 있는 시설이죠. 외부와 공기가 완전히 차단되고 방독면, 무균복 착용이 지켜져야 해요. 지금 우리가 마스크를 쓰고 있는 것이나 방호복을 입는 의료진을 떠올려 보면 BL-3의 연구자가 얼마나 힘들지 추측이 가능할 거예요. BL-4 등급은 가장 위험한 바이러스를 다루는 곳입니다. 치료법도 없고 백신도 없는 위험한 바이러스를 다루기 위해서 연구자들은 우주복과 같은 실험복을 착용하게 됩니다. 참고로 에볼라가 발생했던 2014년까지도 대한민국에는 BL-4에 해당하는 실험시설이 갖추어지지 못했습니다. BL-4 실험 시설은 건설과 운영에 많은 예산이 쓰이는 고가의 실험 시설이기 때문이죠. 만약 우리나라에 2014년에 에볼라 바이러스 환자가 발병했다면 분석은 불가능했을 거예요. 왜냐하면 에볼라 바이러스는 BL-4에서 다룰 수 있기 때문에 BL-3에서 다룬다면 연구자가 감염을 각오해야 하기 때문입니다. 2022년 현재 우리나라에는 BL-3 시설이 20여 곳 있어요. BL-4 시설은 2017년부터 국립보건연구원에서 운용 중인 한 곳이 있어요.

### 바이러스를
### 완벽하게 막을 방법은 없나 봐요.

독감 바이러스는 다른 바이러스보다 변이가 잘 일어난다고 알려져 있어요. 그래서 매년 유행할 계절성 독감 바이러스의 유형을 예상해서 백신을 새로 만듭니다. 당연히 새로운 백신을 만들었으니 매년 예방접종도 해야 하는 것이지요. 매년 10월을 전후해서 병원에 가면 독감 예방접종 안내문이 붙어 있지요. 나는 작년에 독감 예방 주사를 맞았으니 이제 면역이 생겼을 테고 앞으로는 안 맞아도 된다고 쉽게 단정 짓지 마세요.

독감 바이러스는 단백질 껍질 안에 유전물질을 갖고 있습니다.

유전물질은 RNA라는 물질로 되어 있어요. 독감 바이러스는 8가닥의 RNA를 갖고 있습니다. 하나의 설계도가 8조각으로 나뉘어 있는 것이죠. 사람을 비롯한 지구에 세포로 구성된 생명체는 DNA를 통해 다음 세대에 유전 정보를 전달합니다. 대물림을 위해 DNA를 복제하는데, 복제과정에서 오류가 생겨도 DNA는 쉽게 오류를 수정합니다. 그러나 RNA는 오류 수정이 DNA보다 어렵습니다. 복제과정에서 오류가 생겨도 이를 바로 잡지 못해 독감 바이러스는 돌연변이가 잘 일어나는 것입니다. 돌연변이라는 것이 대물림되는 유전 정보가 달라지는 것을 말하는 것이죠.

독감 바이러스에서 유전물질의 복제 오류로 인한 돌연변이 말고도 바이러스끼리의 잡종도 잘 만들어집니다. 바이러스끼리 짝짓기를 하는 셈이죠. 두 종류 이상의 바이러스가 같은 세포에 감염이 되면 두 종류의 바이러스가 한꺼번에 조립되어 나오게 됩니다. 독감 바이러스는 8조각의 RNA만 챙기도록 되어 있습니다. 이 과정에서 두 바이러스의 RNA 조각이 섞여버린 잡종 바이러스가 생겨날 수 있는 것입니다. 이 바이러스는 전염성이나 독성이 매우 강하거나 아니면 매우 약할 수 있습니다. 순전히 우연에 의한 결과이기 때문입니다.

돌연변이와 잡종 바이러스가 만들어지는 것은 낮은 확률이라도 자연 상태에서 얼마든지 일어날 수 있는 일입니다. 어떤 바이러스가 만들어질지 모르기 때문에 우리는 불안해하고 보건 체계를 갖추고 항바이러스제를 계속 개발하고 백신을 만들어 예방 주사를 맞는 것입니다.

## 신종 독감 바이러스를 예측하는 건 불가능한가요?

자연에 있는 모든 바이러스의 변이를 모니터하고 통제할 수만 있다면 좋겠지만 아직 인간은 그럴 능력이 없어요. 현재로서는 우리가 만들어보고 어떤 변이가 나타나는지 관찰하고 분석하는 방법 밖에는 없죠.

독감 바이러스는 숙주에 새롭게 감염될 때마다 다양한 변이들이 만들어집니다. 한 어버이에게서 수만 단위의 변이가 나타납니다. 그 많은 변이를 우리가 다 조사한다면 좋겠지만, 너무나도 방대한 실험이 될 것이므로 관찰해야 할 바이러스만 걸러내야겠지요. 우리의 관심을 끄는 바이러스는 당연히 독성이 높거나 인간 대 인간으로 전염성이 높은 바이러스입니다. 바이러스가 세대를 거듭할 때 이러한 바이러스가 만들어지는지 시도해 본 연구가 실제로 이뤄져서 2011년 말에 과학계에 큰 논쟁이 있었습니다. 여러 종류의 독감 바이러스가 있지만, 그중에서 장차 사람에게 치명타를 입힐 종류로 H5N1형의 조류독감 바이러스가 꼽히고 있습니다. 90년대 후반 홍콩을 비롯한 여러 지역에서 인간 감염이 일어나 감염자 중 절반 이상이 죽었습니다. 다만 인간 사이에 공기를 통해 전파되는 경우는 아직까지 없는 것으로 알려져 있습니다. 이 H5N1형의 바이러스를 사람과 유사한 증상을 나타내는 것으로 알려진 흰족제비에 반복적으로 감염시켜 보는 것이 연구의 골자였습니다. 그것도 거의 같은 시기에 두 팀이 이런 연구 내용을 〈사이언스〉와 〈네이처〉라는 유명한 논문 잡지에 실을 예정이었습니다. 그러나 이 연구 결과가 테러집단에게 악용될 수 있는 여지가 있고, 많은 실험실로 이 연구가 확산될 경우 자칫 연구 결과인 바이러스가 잘 관리되지 않는다면 세상에 큰 재앙이 될 것이기 때문에 이 연구를 계속 하는 것이 옳은지, 연구 결과를 얼마나 공개해야 하는지 등에 대해 1년이 넘도록 논란이 지속되었습니다.

## 자연 상태에서 만들어지지 않은 바이러스를 어떻게 만들어낸 거죠?

네덜란드의 과학자 론 푸셰 박사의 연구팀은 H5N1 바이러스를 흰족제비에게 감염시켰고 이를 인위적으로 반복하였습니다. H5N1은 조류독감 바이러스로 알려져 있고 본래 흰족제비에게는 잘 감염되지도 않고 감염되더라도 다른 족제비로 옮기지도 않습니다. 흰족제비가 H5N1형 바이러스 때문에 독감에 걸리는 것이 자연적으로 일어날 수는 있지만 결코 흔한 일은 아닙니다. 감염을 반복하면서 H5N1형 바이러스의 변이들이 생겨났고 이들은 흰족제비에 점점 적응하게 되었습니다. 불과 10세대 만에 흰족제비 간

지구 생활자를 위한 핵, 바이러스, 탄소 이야기

에 공기를 통해 전염이 가능한 H5N1형 바이러스가 만들어졌습니다. 또 다른 팀인 미국계 일본 과학자 요시히로 가와오카 박사의 연구팀은 스페인 독감의 원인으로 사람에게 감염성이 높은 H1N1의 HA단백질(바이러스가 세포를 열고 들어가는 열쇠)을 H5N1형 바이러스가 갖고 있는 HA단백질과 바꿔치기 했습니다. 인위적으로 만든 바이러스는 H5N1형이지만, H1N1형처럼 사람과 흰족제비에게 감염이 잘 되는 바이러스가 된 것이지요. 이 바이러스에 몇 가지 돌연변이가 더 일어나자 흰족제비 간에 전염이 가능한 H5N1형 바이러스가 나타났습니다. 이 두 연구는 흰족제비 간에 공기를 통한 전염이 가능하기 위해서는 H5N1형 바이러스에서 불과 몇 군데에만 돌연변이가 생기면 가능하다는 결론을 내렸습니다. 가와오카 박사 연구팀의 바이러스는 인위적인 유전자 조작을 했고, 푸셰 박사 연구팀의 바이러스는 결과적으로 치명적이지는 않았기 때문에 오랜 논란 끝에 원래 논문 그대로 각 논문 잡지에 싣도록 결정이 내려졌습니다. 이 두 연구는 조류독감 바이러스가 사람 대 사람으로 전염이 가능한 변이로 발전할 수 있다는 것을 과학적으로 증명해 주었습니다. 이후 다른 연구팀에 의해 앞선 두 연구에서 나타난 돌연변이 중 두 가지 돌연변이는 이미 자연 상태에 존재하고 있음이 보고되기도 했습니다.

## 이 연구를 통해
## 우리가 무엇을 얻을 수 있나요?

이런 연구는 앞서 논란이 되었듯이 프랑켄슈타인처럼 한편으로 이 변형된 조류독감 바이러스를 만들어보고 이를 잘 분류하면 조류독감 바이러스의 변이가 사람에게 감염이 얼마나 잘 될지, 사람 간의 공기를 통한 전파가 가능할지, 감염과 전파가 쉽게 이루어질 때 얼마나 치명적일지 등에 대해서 정보를 얻을 수 있습니다. 어떤 돌연변이가 일어나야 이 같은 재앙이 나타날 수 있는지 확인할 수 있고 이에 맞는 치료제나 예방책에 대한 연구에 가속도가 붙게 될 것입니다.


## 인간은
## 바이러스를 막을 수 있을까요?

인간은 아직 모든 바이러스에 대해 알지 못합니다. 우리를 아프게 하는, 심한 경우 죽게 만드는 원인이 바이러스라는 걸 알게 된 이후로 인간은 바이러스가 우리 몸에서 작동하는 원리에 대해 열심히 파헤쳐왔고 이제 조금 알게 되었습니다. 그 지식을 바탕으로 바이러스를 통제하고 막기 위한 여러 가지 방법을 갖게 되었지요. 방역 체계, 항바이러스제, 예방백신, 변종 바이러스에 대한 연구 등 과학이 발전할수록 더 많은 기술을 갖기는 하겠지만, 우리가 갖고 있는 것이 정말 궁극의 방어 기술이 될지 아닐지, 아니라면 우리에게 어떤 빈틈이 있는지 곰곰이 생각해봐야 할 문제인 것 같습니다. 인류의 문명과 과학기술이 발전할수록 환경이 파괴되고 우리는 그 환경 파괴를 되돌리고 막기 위해서 또 과학을 필요로 합니다. 조금은 다른 문제이지만, 바이러스성 질병이 창궐하게 된 것의 원인 중에는 교통과 통신의 발달로 인간의 생활권이 넓어진 것도 주요합니다. 생활권이 넓어지고 지구가 좁아져서 우리는 전에는 만나기 힘들었던 바이러스를 만날 기회를 많이 갖게 된 것입니다. 그 전에는 바이러스가 퍼지기 전에 격리되었다면 이제는 질병이 발생했다는 소식이 퍼지기 전에 바이러스가 먼저 퍼지고 있으니까요. 지구가 좁아진 것은 되돌리기 어려우니 바이러스를 효과적으로 감시하고 막기 위해 과학을 필요로 하고 있는 셈이 되었습니다.

# 08

# 서울
## 독감

H5N1형 조류독감 바이러스. 원래 이 바이러스는

종 도약이 불가능하다고 여겨졌던 변종 바이러스였습니다.

그런데 1997년, 홍콩에서 어린 소년이

감염돼 죽는 일을 시작으로 계속 출몰했습니다.

과학자들은 이 조류독감으로 인한 치명적인 대유행이

전 세계를 덮칠지도 모른다는 걱정을 하고 있습니다.

이 이야기는 한국에서 조류독감이

인간에게 퍼진 상황을 가정하여 만든 이야기입니다.

## 홍콩, 시청 회의실

홍콩시 정례간부회의에서 도시보건국장이 현안을 보고하고 있다. 가금류 도매시장에서 닭이 폐사하고 있다는 내용이었다. 시장에게는 이 이야기가 더 이상 새롭지도 않다.

3일 전, 홍콩시 가금류 도매시장에서 몇 마리 닭이 폐사했다. 조류독감이 유행할 철이라 안 그래도 긴장하고 있던 도시보건국은 서둘러 닭의 사체를 확보하여 부검했다. 그리고 오늘, 조류독감 바이러스 H5N1형이라는 결과가 나왔다. 도시보건국장은 서둘러 가금류 도매시장을 폐쇄하고, 시장 내에 있던 모든 가금류를 살처분하기로 했다. 2만 마리 가까이 있는 닭뿐만 아니라 모든 가금류를 살처분하려면 며칠이 걸릴 것이다. 추가 조치로 조류독감의 잠복기로 알려진 3주 동안 살아있는 가금류는 물론 죽은 생닭까지 반입을 금지시킬 계획을 발표했다. 다음 주부터 닭고기 품귀현상이 예상되는 상황이었다. 보건국장은 이참에 가금류 도매시장을 없애버리자는 제안을 했지만, 시장은 이 말을 그냥 흘려들었다. 국장 입장에서는 수만 마리의 가금류들이 사람들과 접촉하여 조류독감을 일으킬 수 있는 도매시장이 눈엣가시였다. 하긴, 핸드폰은 두고 다녀도 개인용 손세정제는 늘 갖고 다니는 국장이니만큼 틈만 나면 도매시장을 없애자는 주장을 하는 것이 이해가 안되는 바는 아니었다. 하지만 가금류 도매시장 때문에 먹고 사는 사람들이 얼마나 많은데, 그걸 없애 버리자는 말을 하는지, 시장은 열변을 토하는 도시보건국장의 말에 귀 기울이며 생각했다.

## 대한민국, 영종도 국제공항

홍콩발 보잉747 여객기는 영종도 공항의 습기 어린 공기를 가르며 활주로에 천천히 내려앉았다. 홍 대리는 잦은 출장으로 이 비행기를 줄곧 이용해 왔다. 그래서 비행기가 예정된 게이트가 아닌 다른 게이트로 향한다는 것을 빨리 알았다. 기장이 안내 방송을 한다. 홍콩에서 조류독감이 발생했기 때문에 홍콩발 비행기를 탑승객들은 별도 절차를 밟고 입국해야 한다고 한다. 출국 전 홍콩 시장이 조류독감 바이러스가 발견되어 발 빠르게 조치를 취하고 있다는 기자회견을 하는 걸 텔레비전에서 봤다. 게이트를 통해 비행기를 나서며 승객들은 승무원들이 나눠주는 문진표를 받아 서둘러 작성했다. 급하게 만들어진 것 같은 문진표는 별다른 내용은 없었다. 열이 나는지, 기침을 하는지, 몸살 기운은 있는지 등의 기본적인 질문들이었고 홍콩에는 어떤 목적으로 다녀왔는지, 사람들 많은 곳을 다녀오지는 않았는지. 가금류를 비롯한 조류와의 접촉은 없었는지 등의 질문지였다. 질문의 끝에는 몇 가지 주의사항이 있었는데, 앞으로 3주간 정도는 닭이나 오리를 키우는 가금류 축산 농가를 방문하지 말 것 그리고 개인정보제공 동의서도 작성했다. 대부분의 사람들은 별 대수롭지 않은 일로 귀찮게 한다며 서류 작성을 하고 검역 담당 직원과 간단한 면담을 끝내고 서둘러

자기 짐을 찾으러 갔다. 그 와중에 개인정보제공 동의서를 왜 작성해야 하느냐고 따지는 몇 사람도 있었다. 홍 대리도 개인정보제공 동의서가 굳이 필요한지 궁금하여 면담하던 직원에게 물었다. 직원은 역학조사를 대비하는 차원에서 필요한 절차라고 원론적인 이야기만 했다. 사람 독감도 아니고 조류독감 때문에 이렇게까지 해야 하나 조금 짜증스럽기는 했지만, 더 말해봐야 별 소득도 없을 것 같아 홍 대리도 적당히 면담을 마무리하고 짐을 찾아 평촌행 공항 리무진을 탔다. 여러 번 다녀온 홍콩 출장이 익숙해졌다고 해도 피곤하긴 매한가지이다.

## 대한민국, 서울 지하철

홍 대리는 오늘도 사당역에서 환승을 하며 만원 지하철을 체감한다. 사람에 밀려서 4호선에서 내리면 밀려서 2호선까지 간다. 흡사 급류 속에 있는 느낌이다. 급류에 떠밀려 강남역에 내리면 몇 번 출구랄 것 없이 지상으로 밀려 나간다. 홍콩에서 잠깐 이 지옥철에서 해방되었던 시간 때문인지 아니면 오늘이 월요일이어서인지, 아마도 두 이유 다 해당되겠지만, 오늘 출근길은 더 버겁기만하다. 일주일 전까지 2주간 홍콩에 머물렀던 시간은 정말 천국이었다. 제한된 시간에 일을 몰아쳐야 해서 좀 힘들긴 했지만, 아는 사람도 없고 오히려 야근하는 게 속은 편했다. 야근하면서 야식을 먹으니 배고플 일 없고, 회사에서 잡아준 호텔에 가면 편히 쉴 수 있었다. 의식주 중에 식과 주가 해결되니 아쉬울 게 하나 없었다. 다만 가끔 심심한 것과 저녁 시간에 홍콩을 돌아보지 못한 것이 조금 아쉬울 뿐이다. 놀러간 것은 아니었지만, 이번에는 유독 바쁘게 일했다. 마지막 날 홍콩의 저녁거리를 둘러보는 것으로 만족해야 했다.

## 대한민국, 평촌 OO아파트

어제 오후부터 홍 대리는 약간의 두통과 기침 증상을 느꼈다. 퇴근하고 나서는 저녁도 안 먹고 침대로 들어갔다. 밤에는 온몸이 뜨겁고 몸살 기운이 느껴져서 잠을 못 이뤘다. 해열제를 먹을 정도는 아니었지만, 미리 타이레놀을 먹었다. 타이레놀을 먹은 뒤 자고 일어나 보니 새벽이다. 증상이 아무래도 그냥 감기는 아닌 것 같다. 병원에 들렀다가 출근하겠다고 팀장에게 문자를 보내고 또 잠들었다. 9시가 되어서야 눈을 떴다. 일단 배가 고파서 병원 갈 힘이 없었다. 근처 설렁탕 집에서 뜨끈한 국물에 밥을 말아먹었더니 조금 힘이 나는 것 같았다. 병원에 갔더니 이번 겨울에는 독감 환자가 늘었다고 한다. 내 주변에는 독감에 걸렸다는 사람이 없는데, 늘은 건 잘 모르겠다. 의사는 하룻밤 고열에 시달린 얘기를 듣더니 젊고 원래 건강한 편이라서 독감이 이렇게 지나간 거라고 말했다. 독감이 감기보다 독하긴 독하다고 생각하며 홍 대리는 처방전을 들고 약국으로 향했다. 약사도 독감이셨나 보네요. 약도 약

지구 생활자를 위한 핵, 바이러스, 탄소 이야기

이지만, 잘 먹고 잘 쉬는 게 독감에는 최고라고 한다. 누구인들 잘 먹고 잘 쉬고 싶지 않겠는가? 팀장에게는 독감이라 오늘은 그냥 집에서 쉬는 게 좋겠다고 연락했다. 밀린 업무가 벌써부터 걱정이긴 하지만, 지금 출근했다가는 야근을 해야 할 판이니, 깔끔하게 내일 출근하는 게 좋겠다. 이참에 몸도 좀 쉬어야겠다.

## 충북, 오송 국립보건연구원 감염병 센터

질병관리청 산하의 국립보건연구원의 김 연구원은 오늘도 습관처럼 세계보건기구(WHO)의 뉴스레터 메일을 열람하는 것으로 하루를 시작했다. 이틀 전, 중국 주룽에서 급성폐렴으로 사망한 사람에게서 H5N1형 바이러스가 검출되었다는 내용이 눈에 띄었다. 홍콩 독감과 사스의 발병은 바이러스성 질병의 방역에 있어 중국 정부를 기민하게 움직이도록 했다. H5N1형 바이러스의 검출은 인터넷을 타고 WHO를 통해 전 세계로 전파되었고 중국의 발빠른 대처도 역시 세계에 신뢰감을 주었다. 사망한 사람은 30대 후반의 가장이었는데, 가족을 비롯한 접촉자들에게는 바이러스가 발견되지 않았다. 다행스럽게도 여태껏 그래 왔듯이 사람에서 사람으로 전염될 가능성은 거의 없어 보여 연구원은 안도의 한숨을 내쉬었다. 조류독감으로 사람이 죽었다고 하면 사람들은 당장이라도 변종 독감이 창궐할 것처럼 두려움에 떨 게 분명했다. 자신들이 본 바이러스 영화를 들먹이며 막연한 불안을 만들어 낼

게 뻔했다. 옛날이야 바이러스가 퍼져나가는 속도가 그 소식을 전하는 것보다 훨씬 빨랐으니, 당연히 많은 사람들이 죽을 수밖에 없었다. 그러나 이제는 물샐틈없이 바이러스의 발생과 전파가 감시되고 있으니 걱정할 이유가 없다.

WHO 뉴스레터 메일을 읽고서 연구원은 검사할 시료들이 얼마나 접수되었는지 점검하고 BL-3 실험실로 이동했다. 요즘 같은 독감 유행철에는 전국의 병원에서 쏟아져 들어오는 시료의 양이 정말 많다. 메르스 이후로 질병감시체제를 대대적으로 손보면서 바이러스성 질병의 항시 감시 체계를 가동 중이다. 폐렴 같은 중증 호흡기 증상이 나타나는 경우 환자에게서 채취한 검사 샘플을 무조건 질병관리청으로 보내야 한다. 중증 호흡기 증상이 아니어도 신종 바이러스의 출현이 의심될 경우 병원에서는 검사 샘플을 질병관리청으로 보낼 수 있다. 질병관리청은 무조건 이를 받아서 검사를 하고 검사 결과를 데이터베이스에 등록을 한다. 병원에서는 인가를 받은 의사에 한해서 데이터베이스에 접근할 수 있는 권한이 주어진다. 일반에게도 데이터베이스 정보 중 극히 일부가 공개된다. 수많은 시료들을 다 챙기려니 연구원들은 고달플 수밖에 없다.

## 충북, 오송 국립보건연구원 BL-3 실험실

BL-3 실험실은 안전을 위해 독립된 건물로 지어졌다. 이중문을 통과해야 한다. 문 하나를 통과하면 다음 문을 통과하기 전에 에

지구 생활자를 위한 핵, 바이러스, 탄소 이야기

어샤워를 하고, 실험복을 입는다. 독감 바이러스 시료는 예전에는 BL-2의 실험실에서도 실험을 했다. 본래는 BL-3 실험실에서 점검해야 하는데, BL-3 실험실을 제대로 갖추고 있지 못했기 때문에 할 수 없었다. 잠재적인 바이러스가 걱정이라면 모든 바이러스 검사를 BL-4 실험실에서 하는 것이 맞을 터라고 생각하면서 실험복을 걸치고 장갑을 꼈다. 보호용 마스크는 입김이 서려서 시야를 가리기는 하지만, 그래도 BL-4 실험실의 마스크는 산소 공급 장치까지 달려 있어서 정말 답답한 것에 비하면 이 정도쯤은 그냥 참을 수 있다. 이나마도 내 몸을 보호하기 위한 최선이라고 생각하면서 실험실에 들어섰다.

각 시료는 간단히 배양에 들어간다. 그러면 바이러스들은 새로 제공된 숙주 안에서 증식할 것이다. 증식한 바이러스를 실험실에서 갖고 있는 항체들과 반응시켜 보면 이 바이러스의 정체를 알 수 있다. 그 뒤에는 바이러스로부터 RNA를 추출하여 DNA와 같은 이중나선의 상태로 만들어 염기 서열까지 정리한다면 더 자세한 정보를 알 수 있다.


## 대한민국, 오송 국립보건연구원 감염병 센터

하루 뒤, 연구원은 실험 결과를 열람하다가 깜짝 놀라고 말았다. 'H5N1형 바이러스'가 국내에 나타나다니, 그것도 닭이 아닌 사람에게 감염되다니 말이다. 확인해 보니 분명 사람이 걸린 것이었다. 아직까지 국내에서 H5N1형 바이러스가 인간을 감염시킨 예는 없었다. 조류독감에 걸린 닭을 폐사시키는 공무원들 중에 H5N1형 바이러스가 검출된 예는 있지만, 일반 환자에게서 발생한 경우는 없었다. 그런데 이것이 인간에게서 나오다니 정말 심각한 일이었다. 검사 샘플을 보내온 병원에서 샘플과 함께 제공한 자료에 따르면 이 독감의 주인공은 30대 중반의 건강한 남성으로 급작스럽게 기침과 고열의 증상이 나타나 신종 독감 바이러스의 출현이 의심되어 샘플을 보내온 것이었다. 최근 한 달 이내에는 해외에 체류한 경험이 없다고 하니 1차 감염원이 아닐 가능성이 높다. 이 사람은 어떻게 H5N1형 바이러스를 갖게 되었는지 긴급 역학조사를 의뢰했다.

## 대한민국, 서울 S상사

S상사의 8층 해외사업부는 아침부터 분위기가 어수선하다. 아침부터 질병관리청에서 왔다는 역학조사관들이 역학조사를 한다고 주변 사람들을 인터뷰 중이기 때문이다. 이 대리와 박 과장이 거의 같은 날 죽었다. 공교롭게도 둘 다 급성폐렴으로 숨졌다. 3일 전에 독감으로 결근을 할 때에만 해도 사람들이 별 신경을 쓰지 않았다. 하루 푹 쉬고 출근하면 된다고 무심코 생각을 했다. 그런데 증상이 심해서 대학병원 응급실로 갔다는 이야기를 들었을 때에도 사람들은 설마설마했다. 단 며칠 만에 일이 이렇게 진행되니

사람들의 충격은 적지 않았다. 출근하자마자 이 소식을 접한 홍 대리는 충격이 더욱 컸다. 입사 동기 중에서도 가깝게 지냈던 두 사람이기 때문이다. 홍 대리는 자신도 독감을 앓고 난 후여서 편안한 마음으로 맛있는 거 먹고 푹 쉬고 오라고 문자 메시지를 보냈던 터였다. 독감이 이렇게 심각한 병이었나 하며 혼란스러워하는데, 역학조사관들의 호출이 있었다. 역학조사관들은 홍 대리에게 동료들은 H5N1이라는 조류독감 바이러스에 감염되어 죽은 것이라고 설명했다. 다른 감염원이 존재할 수 있지만, 현재까지 파악된 정황상으로는 홍 대리가 감염원으로 유력할 수 있다는 설명도 덧붙였다. 회사 사람들 중에 최근에 독감을 앓았던 사람이 몇 명 있었지만, H5N1 조류독감이 유행 중인 곳을 다녀온 사람은 홍 대리밖에 없었기 때문이다. 홍 대리는 홍콩에서의 자세한 일정과 이동 경로를 상세히 설명했다. 귀국 후, 증상이 나타난 시기와 그 시기의 이동 경로도 상세하게 설명했다. 역학조사관들은 독감을 앓은 지 열흘 가까이 지났기 때문에 홍 대리의 몸에서 바이러스를 직접 확인하기는 어려울 것이라고 했다. 때문에 간접적으로 H5N1형 바이러스가 홍 대리 몸에 남긴 흔적을 확인해 볼 수밖에 없었다. H5N1형 바이러스에 대한 항체가 형성되었다면 아직 혈액 중에 남아있을 것이기 때문에 혈액을 채취하여 확인해 볼 수 있다. 역학조사관은 홍 대리의 팔에서 정맥혈을 찾아 주사바늘을 꽂고 혈액을 채취하기 시작했다.

## 대한민국, 오송 질병관리청

질병관리청에서 긴급대책회의가 소집되었다. 수석역학조사관이 역학조사 결과를 보고했다. 혈액의 항체 검사 결과는 양성으로 H씨는 H5N1에 대한 항체를 보유하고 있다. 그 농도도 비교적 높은 농도여서 최근에 H5N1에 감염되었다는 사실을 강하게 뒷받침해 주었다. H씨가 1번 환자로 규정되었다. 최초 사망자 2명은 같은 회사의 동료로 2, 3번 환자로 규정되었다. 문제는 H씨의 이동경로였다. H씨는 일반 독감인 것으로 알고, 본인의 증상도 크게 심하지 않아 특별한 주의를 기울이지 않고 일상생활을 했다. H씨는 평촌역에서 사당역까지의 4호선 구간, 사당역에서 강남역까지의 2호선 구간을 출퇴근 길에 이용했다. 4호선은 당고개역까지 운행하는데, 중간 중간 주요 지하철과의 환승역이 존재하고 심지어 서울역을 지나간다. H씨가 탑승한 2호선 구간은 가장 많은 유동 인구가 몰려있기도 하다. 출퇴근 시간의 지하철은 밀폐된 공간에 높은 밀도로 사람들이 탑승해 있기 때문에 H씨가 머물렀던 칸은 특히 감염 확률이 상당히 높다. 역학조사 결과가 끝나자 여러 논의가 진행되었다. 가장 큰 문제는 정보 공개 내용이었다. 2015년 메르스 사태 이후로 신종 전염 질병에 대해서는 초기의 공격적 대응을 위해 정보의 100% 공개가 법제화되었다. 그러나 H씨의 경우처럼 통제되지 않는 공간을 이동 경로로 가지면 정보의 100% 공개가 의미를 갖기 어려웠다. 그래도 정보를 공개하는 것이 3, 4차 감염으로 확산되는 것을 최소화할 수 있다는 생각에서 H씨의 상세한 이동 경로를 공개하기로 결정했다.

## 대한민국, 전국

한국형 H5N1 조류독감 바이러스, 이제는 서울 독감이라는 명칭이 자연스러워질 만큼 무서운 속도로 퍼지고 있었다. 1번 환자의 이동 경로가 공개되고, 인간 대 인간의 전염이 가능하여 2, 3번 환자가 전염되었다는 사실에 사람들은 공포에 떨며 지하철 2, 4호선을 비롯한 대중교통은 거의 텅텅 비다시피 했다. 예전에는 신종플루가 대유행할 때 사람들이 크게 신경 쓰지 않았다. 건강한 성인이 사망에 이르는 경우가 거의 없었기 때문이다. 메르스 때에는 대유행이 선언되기 전에 병원이라는 한정된 공간에서만 전염이 일어났고 기저질환자들 중심으로 심한 증상이 나타났기 때문에 이때에도 대중은 무덤덤했다. 그러나 이번은 달랐다. 건강한 성인도 급격하게 심한 증세가 나타나 사망에 이르고, 전염의 경로는 도무지 파악할 수가 없어 통제 범위를 벗어났다. 1번 환자의 이동 경로가 공개된 이후로 사망자가 속출하자 정부는 전염병 위기 경보를 최고 단계인 '심각' 단계로 격상시켰다. 세계보건기구는 대한민국을 특별여행주의보 발령지역으로 지정 고시했다. 병원에서는 독감 의심 환자를 지역의 지정병원으로 보냈고, 독감 증상이 있으면 증상의 정도와는 상관없이 무조건 원인 바이러스를 알아내기 위해 검사용 시료를 질병관리청로 보냈다. 이제 2차, 3차 감염 여부는 중요하지 않았다. 바이러스의 정체를 분석하고, 바이러스의 변이 여부를 판정하는 것이 더 중요한 일이 되었다.

## 대유행

WHO와 대한민국 정부의 발빠른 대처에도 불구하고 서울 독감은 전 세계 대도시를 중심으로 발병하기 시작했다. 중국, 일본, 태국과 인도네시아 등 아시아 국가들뿐만 아니라 미국, 유럽, 호주에서도 발병하여 유행하기 시작했다. 1번 환자의 경우는 잠복기가 비교적 길고 일반적인 독감의 경우와 다를 바 없었지만, 2차 감염자부터는 잠복기가 짧은 것이 특징이었다. 전 세계에 동시다발적으로 나타나는 큰 이유는 초기 감염자들이 S상사에 몰려 있다는 점이었다. S상사의 많은 직원들이 해외 출장이 잦고, 일부 감염자는 H씨와의 접촉 후에 출장을 가 발병했다. 국내를 방문한 해외 바이어들도 S상사 직원들과의 접촉 후에 자국으로 돌아가며 세계 대유행의 징검다리가 되었다. 이제 각 국가의 방역체계가 뚫려버렸다. WHO와 각 정부가 더 이상의 확산을 막겠지만, 시민들의 보건 의식에 맡기는 수밖에 없다.

발생하는 환자들에게 당장 할 수 있는 방법은 증상이 발생한 이후 최대한 빠른 시간 내에 항바이러스제를 투여하는 것이다. 항바이러스제는 체내에서 바이러스가 증폭되는 것을 늦춰서 환자

지구 생활자를 위한 핵, 바이러스, 탄소 이야기

몸의 면역체계가 스스로를 방어할 수 있는 상태에 이를 때까지 시간을 벌어주는 효과가 있었다. 그러나 워낙 환자들이 빠르게 증가하여 세계적인 대유행이 시작되자 항바이러스제는 바로 동이 나버렸다. 전 세계 제약회사들은 항바이러스제를 비상 생산했다. 공급의 부족은 빈부의 격차를 여과 없이 드러내 버렸다. WHO가 비상 예산을 사용하여 제3세계로 항바이러스제를 공급하긴 했지만, 많은 물량이 선진국을 중심으로 유통되고 있다. 제3세계의 열악한 보건 위생 수준과 영양 상태를 감안할 때, 감염이 반복될 때마다 더 공포스러운 변이가 만들어질 위험이 있었다. 항바이러스제의 공급 부족과 함께, 항바이러스제에 대한 높은 의존도는 내성을 가진 변이들의 선택압을 높였다. 항바이러스제가 없어서 미처 치료하지 못한 환자들 중에는 내성 변이를 가진 환자들이 생겼다. 바이러스를 분석하는 속도는 유행하는 속도를 따라가지 못했다.

조류독감의 변종 바이러스를 연구하던 과학자들이 세계보건기구에 새로운 제안을 했다. 호흡기를 통해 전파되는 조류독감의 바이러스가 공통적인 서열을 갖고 있다는 점을 이용해 슈퍼 항체 치료제를 만들자는 것이었다. 물에 빠진 사람이 지푸라기 잡는 심정으로 세계보건기구는 슈퍼 항체 치료제의 개발을 위한 바이러스 연구를 허용했다. 기존에는 연구의 위험성으로 많은 제약이 있었지만, 이제는 그 위험성을 감수하고 치료제 개발에 착수해야 했다. WHO 입장에서는 바이러스에 대항할 무기를 하나라도 더 갖는 것이 나왔고, 제약회사 입장에서는 치료 효과의 가능성이 높은 신약을 먼저 확보하는 것이 유리한 일이었기 때문에 슈퍼 항체 치료제 개발은 의외로 손쉽게 진행되었다.

바이러스에 감염되었다가 살아난 사람들은 바이러스를 이길 수 있는 항체를 갖고 있다는 소문이 SNS를 타고 삽시간에 퍼졌다. 이 사람들의 혈청이 비싸게 거래된다는 소문도 돌았다. 사기를 치는 사람도 생겼다. 몇몇 대학병원에서 혈청 치료가 시도되기도 했다. 그러나 치료 효과는 과학적으로 검증하기가 어려웠다. 분석해야 할 것이 너무나 많았을 뿐만 아니라 혈청을 얻는 일 자체가 너무나 어려운 일이었기 때문이었다. 이 치료법에 의존할 수 없는 노릇이었다. 항체를 얻을 수 있는 길은 항체를 직접 생산해 내거나 백신을 통해 항체를 만들어내게 하는 길밖에 없었다.

단백질 치료제의 생산 능력을 갖춘 제약회사들은 항체를 복제하기 위해 안간힘을 쏟았다. 그러나 항체의 아미노산 서열을 분석하고 효능 있는 항체를 복제하고, 안정적으로 생산하기까지 수개월이 걸린다. 그러나 도중에 바이러스 변이가 발생하면 항체는 무용지물이 되기 때문에 독감 바이러스에 대한 항체 치료제는 원래 개발이 되지 않았다. 그나마 빠르게 대처하는 방법이 백신을 생산하는 것이었다. 사람에 독성을 가진 돌연변이로 변한 바이러스는 실험용 동물에 주사해도 항체를 만드는 림프구가 만들어지기 전에 숙주를 죽여버리는 일이 허다하게 일어났다. 마찬가지로 백신

지구 생활자를 위한 핵, 바이러스, 탄소 이야기

을 만들기 위해 달걀에 접종하여 바이러스를 불려야 하는데, 원래 조류독감 바이러스이기 때문인지 달걀의 배아세포가 제대로 바이러스를 불리기도 전에 죽어버렸다. 다행히 메추리알에서 바이러스 증식이 성공했지만, 최소한 대한민국 국민 천만 명 분량을 만들려면 어마어마한 양의 메추리알이 필요했다. 엄청난 양의 메추리알을 그것도 유정란을 구하는 것이 쉬운 일은 아니기 때문에 녹십자의 백신 공정에 따르자면 백신을 제대로 생산해서 유포하기 전에 대유행의 불길이 사그라들 수 있다. 그래도 대유행이 얼마나 오래 갈 지 알 수 없고 마냥 손 놓고 있을 수는 없는 일이어서 정부는 몇 개의 제약회사와 계약을 맺어 항체 치료제와 백신 생산을 진행하고 있다.

백신과 항체 생산에 각국 정부와 보건당국, 세계보건기구가 골몰하는 사이 독감은 전 세계에 안 퍼진 곳이 없었다. 보건 체계가 열악하여 세계보건기구가 많은 걱정을 했던 제3세계에는 대유행 초기에는 거의 피해가 없었다. 그러다 일자리를 구하러 다른 나라에 나갔던 젊은이들이 독감을 피해 귀국하면서 다른 나라들보다 더 빠르게 전파되기 시작했다. 독감으로 인해 고통 받는 사람과 합병증으로 죽는 사람도 선진국에 비해 더 많았다. 그러나 세계보건기구는 아무런 손을 쓸 수가 없었다. 전 세계가 고통을 당하는 사이 제3세계를 도울 여유가 있는 나라는 아무 곳도 없었다. 서울독감이 대한민국에서 최초로 보고된 뒤 4개월이 지나자 서울 독감 환자의 발생 빈도의 증가 추세가 꺾이기 시작했다. 세계 인구의 절반 이상을 이 독감 바이러스가 거쳐 갔다. 세계보건기구는 아직 대유행이 끝나지 않았으며 현재까지 치사율은 70%라고 공식 발표했다. 스페인 독감 이후로 새로운 바이러스성 질병에 대항해 만들었던 보건 체계와 의학 기술은 이 바이러스 앞에 속수무책이었다. 조금 긍정적으로 의미를 부여하자면 그나마 보건 체계와 의학 기술이 있었기 때문에 이 정도에서 그쳤는지도 모른다.

인간이 지구에 등장한 이래로 우리는 바이러스와 계속 전쟁 중이다. 스페인 독감 이후로 인간은 바이러스와의 수많은 전투에서 승리해 왔고, 종전에 거의 한 걸음 다가섰는데 이번의 대유행은 다시 한번 바이러스가 만만한 적이 아님을 인식시켜 주었다. 언제쯤 인간은 이 전쟁에서 승리할 수 있을까? 인간은 바이러스를 멸종시킬 수 있을까? 아니면 어떻게든 평화로운 공존을 꾀해야 할까?

## 그후…

# 이런 대유행은
# 다시는 없었으면 좋겠어요.
# 적어도 100년 안에는.

### 마스크 안 쓰면
### 감옥에 간다구요?

보건국은 시민들에게 직접 접촉뿐 아니라 공기를 통해 감염병이 전파된다는 사실을 강조하며 마스크 착용의 중요성을 알렸다. 여지껏 마스크는 수술실에서나 쓰는 의학도구였다. 보건국은 실내에서 뿐 아니라 실외에서도 반드시 마스크를 쓸 것을 권고했고, 다른 사람의 얼굴을 향해 기침을 하거나 재채기를 하는 것은 매우 위험한 행동이 되었다. 길거리에 침을 뱉는 행동도 금지되었다. 차 안, 특히 사람들이 붐비는 시간대에는 조금만 크게 숨을 쉬어도 사람들 눈치가 보였다. 갖가지 공익광고들이 등장했다.

정류장 표지판에는 "침은 죽음을 퍼뜨립니다."라는 경고 문구가 붙었다. 신문에는 '집에서 마스크 만들기 설명서'가 상세하게 실렸는데, 그와 함께 실린 적십자사 공익광고에는 "마스크를 안 쓰는 사람은 위험한 게으름뱅이"라고 씌어 있었다. 손수건 없이는 키스를 하지 말라는 광고도 등장했다. 마스크가 없다면 손수건으로라도 코와 입을 가려야 했다. 마스크 의무 착용의 범위가 점점 확대되었다.

처음에는 미용실 및 이발소의 직원들과 상점의 점원들에게 마스크 착용이 의무화되었다. 그리고 호텔, 은행의 직원처럼 대부분의 서비스 직종이 마스크 의무 착용의 대상이 되었다. 시에서는 시민들의 마스크 착용을 위해 '마스크 조례'를 통과시켰다. 마스크 착용 조례를 위반하면 5~10달러의 벌금을 내거나 10일 이하의 징역에 처해졌다. 모든 사람이 마스크 착용에 참여했던 것은 아니다.

마스크 착용을 거부하는 사람들의 움직임이 나타났는데, 마스크 착용 의무화가 계속되자 마스크 착용을 거부하는 사람들의 움직임도 점점 집단화되었다. 사람들은 마스크 반대 연합을 조직하여 집단 시위와 탄원을 했다. 마스크 착용 반대의 주된 이유는 마스크가 감염병의 전파를 차단하는 효과의 근거가 미약하다는 점이었다.

지구 생활자를 위한 핵, 바이러스, 탄소 이야기

## 마스크 착용을
## 반대하는 이유가 궁금해요

'마스크 조례'와 여러 광고, 마스크 반대 연합 등에 관한 이야기는 감염병 대유행 중에 미국에서 일어난 일들이에요. 언뜻 COVID-19 대유행 중에 있던 일 같지만, 2020년이 아닌 1918년에 있었던 일들입니다. 100여 년 전에도 독감 환자가 급증하고 사망자가 속출하자 지역별로 방역을 위한 조치들을 내렸죠.

그때는 독감의 원인이 바이러스인지 알지 못했어요. 그리고 전 세계적으로 감염병이 돌고 있다는 사실도 지금처럼 빠르게 알 수는 없었죠. 다만, 우리 지역에서 감염병의 확산세를 줄이기 위해 공기와 콧물, 침 등을 매개로 한 전파를 최대한 차단하려고 애들을 썼죠. 100년 전에도 마스크 쓰기와 손 씻기, 그리고 거리두기는 감염병과 관련해 가장 기본적인 조치였어요. 이런 대유행은 자주 겪는 일도 아니고 대부분의 사람에게는 사실상 처음 겪는 일이기 때문에 어떤 조치가 결정될 때 논란이 발생할 수밖에 없나 봐요. 그때도 마스크 착용을 거부하는 사람들이 있었으니 말이에요.

그 당시의 마스크는 거즈를 4겹 겹친 것이었어요. KF94마스크와 기능적인 면에서 비교한다면 바이러스를 막기에는 상대적으로 부족하죠. 그러니 당시에 마스크 착용을 반대했던 사람들은 나름대로 합당한 문제제기를 했다고도 볼 수 있어요. 하지만 기능이 떨어지는 마스크라도 침방울을 통해 바이러스가 퍼져나가는 것에 대해 어느 정도 이상의 차단 효과는 있었을 거예요.

당시의 마스크 착용은 비과학적이라기보다는 기술적 한계를 가진 과학적 조치에 가까운 것이죠. 흥미롭게도 마스크 착용 의무화와 함께 독감 확산세가 약화되었었다고 해요. 그런데 문득 궁금하네요. 마스크 착용을 반대했던 사람들은 과학적 이유 때문에 반대한 것일까요? 마스크 착용 의무화를 반대하기 위해 과학적 이유를 이용한 것일까요?

어쨌든 오늘날에는 마스크 착용 의무화에 대해서는 여전히 반대하는 의견이 존재하지만, 마스크를 비롯한 여러 방역조치들이 100년 전보다 더 과학적인 근거를 갖고 시행되고 있어요. 그렇지만, 대유행에 관해 오늘날의 과학도 시원하게 답하지 못하는 문제들은 여전히 존재한답니다.

## COVID-19 대유행이 끝나고 나면
## 대유행이 또 올까요?

'스페인의 숙녀'라고 불리운 스페인 독감은 1918~1919년에 걸쳐 10개월 가량 전 세계적으로 대유행했어요. 지금처럼 매일매일 전 세계의 감염병 현황이 빠르게 공유되지도 않았고, 각 지역의 의료기록이 오래도록 보존되지는 못했을 거예요. 다소 부정확하겠지만 남아있는 기록들을 통해 추산한 바에 따르면 전 세계적으로 5억 명이 독감에 걸렸고 5000만 명에서 1억 명이 독감으로 사망했다고 해요.

당시 전 세계 인구 약 18억 명을 감안하면 전 세계 인구의 1/3 가량이 감염되고 그중 1/10이 죽은 것이죠. 스페인 독감은 전 세계에 엄청나게 휘몰아쳤던 거죠. 10개월 동안 30명 당 1명이 죽은 거니까요. 그때는 백신도 없었고 치료제도 없었어요. 나와 우리 가족이 걸리지 않기를, 죽지 않기를 바라고, 최대한 확산되지 않도록 다 함께 노력하는 수밖에는 없었죠. 그렇게 전 세계에 몰아치던 스페인 독감은 어느새 자취를 감춰 버렸어요. 주된 이유는 대부분의 인구 집단이 집단면역의 상태에 도달했기 때문이었을 거예요. 그러나, 독감이 잦아들었다고 해서 그 원인이 되는 인플루엔자 바이러스가 완전히 사라진 것은 아니었어요.

스페인 독감의 원인 바이러스는 훗날 H1N1이라는 A형 인플루엔자 바이러스였다고 밝혀졌는데요. 그 후손은 그 이후로 인간 가운데에 또는 인간 주변에서 대대손손이 쭉 이어지고 있어요. 지금 이 순간에도요.

실제로 신종플루(2009년)의 대유행의 원인이 바로 H1N1 인플루엔자 바이러스였거든요. 엄밀히 말하면 대대손손 조용히 이어진 1918년 H1N1 인플루엔자 바이러스의 후손이라고 해야겠죠. 심지어 조류와 돼지의 인플루엔자 바이러스의 일부가 섞여 있었어요. 1918년 이후로 인간 사이에만 숨어든 것이 아니라 조류와 돼지로도 넘나들었음을 추측할 수 있는 대목인 거죠. 바이러스는 마치 유목민 같아요. 오아시스를 찾아 가능한 계속 이동하는 유목민. 신종플루의 유행은 WHO가 출범 후 공식적으로 선포한 두 번째 대유행이었어요.

첫 번째요? 첫 번째 대유행은 홍콩 독감(1968년)이었어요. 그 전에도 비슷한 강도의 아시아 독감(1957년)이 있었지만, WHO가 선포한 공식적인 대유행은 아니었어요. 그리고 세 번째가 COVID-19입니다. COVID-19로 인해 대유행을 선언하느냐 마느냐의 기로에 있을 때만 해도 사람들은 '대유행'에 대해 큰 경각심을 갖고 있지는 않았어요. 스페인 독감에 대해 아무리 얘기해도 그건 너무 예전 일이고, 가장 최근의 신종플루는 생각보다 싱겁게 지나간 대유행이었죠.

사실 신종플루가 싱거웠던 건 돌아온 H1N1의 병원성이 예전보다 약해졌기 때문일 수도 있지만, 병원성과 전파력은 인간 집단의 면역력에 따라 상대적일 수 있어요. 그리고 90년의 세월을 두고 정비된 보건 제도와 WHO를 중심으로 연결된 세계의 감시/경보 체계, 그리고 백신과 이미 존재하는 항바이러스제가 있었기 때문이었을 수도 있고요. 어쨌든 2020년 3월에 선언한 인류의 공식적인 세 번째 '대유행'은 더 이상 싱겁지 않았어요.

COVID-19는 COrona VIrus Disease-2019의 줄임말이죠. 말 그대로 '2019년에 확인된 코로나 바이러스가 원인인 감염병'이란 뜻이에요. 20세기 이후로 대유행의 원인은 인플루엔자 바이러스였는데, COVID-19의 원인은 코로나 바이러스라는 점이 이전과 확연히 다른 점이에요. 2019년 12월 31일 중국 우한에서 COVID-19가 공식 확인되었으니 2021년 12월 31일이면 두 돌인 셈이네요. 만 2년 동안 COVID-19로 전 세계에서 2억8800만 명이 확진되고 그중 약 500만 명이 사망했어요. 대유행의 기간이 만 2년을 넘어서는 시점에서도 확산세는 여전히 꺾일 줄 모르고 있죠. COVID-19 대유행이 선포되고 6개월 정도가 지났을 때, WHO 사무총장은 COVID-19에 대해 "이번 대유행은 100년에 한번 나타날 보건 위기이며, COVID-19가 종식되더라도 그 영향은 수십 년 지속될 것입니다."라고 평가했어요.

앞으로는 방대한 자료와 경험이 누적된 COVID-19가 스페인 독감을 대체하는 대유행의 예가 될 거예요. 그리고 COVID-19 대유행 시기는 자연과학적인 측면에서든, 사회과학적인 측면에서든 많은 연구가 이뤄질 거예요. 그래야 언제일지 모르는 다음 대유행에 대비할 수 있을 테니까요.

물론 아무도 대유행을 기다리지는 않아요. 그 누구보다 지금의 10대는 다시는 이 대유행을 겪고 싶지 않을 것입니다. COVID-19로 유명해진 영화 〈컨테이젼〉에서도 백신 접종을 기다리는 아이가 '나는 봄뿐 아니라 여름까지도 잃겠네요.'라고 상실의 마음을 말하죠. 확진과 사망이 아니어도 이번 대유행으로 인해 우리 모두가 많은 것을 잃었어요. 그래서 더더욱 COVID-19가 앞으로 100

년에도 다시는 없을 대유행이길 우리 모두가 바라고 있을 거예요. 그런데 다음에도 대유행이 올까요? 언제쯤일까요?

## 싸코2 바이러스 연대기

### 바이러스도 이름이 있어요?

안녕. 내 이름은 싸코2 알파 309587481이라고 해. 이름이 특이하지? 과학자라는 사람들이 우리 가문에 SARS-CoV-2라고 이름 붙여줬어. 우리끼리는 그냥 싸코2라고 불러. 싸코2는 내 성씨인 셈이지. 사람들의 성씨랑은 좀 달라. 사람들은 아빠, 엄마 중에 보통 아빠의 성을 따르더라. 가끔 엄마의 성을 따르거나 양 부모의 성을 다 쓰는 사람들도 있지. 우리는 성별의 구분 없이 조상과 자손만 있어.

그리고 대부분의 바이러스는 가문의 이름이 없이 살아가. 사람들은 특별한 바이러스들-나처럼 말야-한테만 가문의 이름을 지어주더라고. 게다가 우리 유전체를 분석해서 세대별로 꼼꼼하게 정리해서 족보까지도 만들어줘. 우리처럼 이름을 가진 가문은 인간으로 치자면 중세 시대의 귀족쯤 되는 것 같아. 마치 우리 가문의 업적을 사람들이 인정해주는 것 같기도 하지. 성씨 뒤에 있는 알파는 세대를 구분해주는 거야. 사람들도 세대에 이름을 붙이잖아.

X세대, Y세대도 있고, 요즘은 M세대, Z세대를 많이 들어봤어. 여하간 나는 싸코2 가문의 알파 세대 중에 309587481번째 바이러스라는 뜻의 이름을 가진 거지. 우리는 한번에 수십만 개씩 복제되기 때문에 번호가 아니면 이름을 지을 수가 없거든. 난 그나마알파 세대 중에서도 순서가 좀 빠른 편이야. 내 이름 얘기는 이 정도 하고, 오늘 부탁받은 바이러스에 관한 얘기를 어디부터 해볼까? 내가 알고 있는 것도 그리 많지는 않지만, 그래도 사람들에게우리 얘기를 한다고 하니 살짝 긴장되네.

### 자손을 남기는 바이러스는 생물이라고요?

일단 우리는 엄청 단순한 생물이야. 사람들은 우리가 생물이냐아니냐로 토론도 많이 하던데. 우리도 대대로 자손을 남기잖아.조상과 닮은 자손을 말이지. 그럼 우리가 생물인지 아닌지에 대해서는 더 이상 왈가왈부할 필요는 없을 것 같지? 그런데, 우리는 꼭다른 생물의 세포로 들어가야 자손을 남길 수가 있어. 우리는 세포로 되어 있지가 않거든. 세포는 혼자서 먹고 살고 자손도 낳고할 수 있는데, 우리는 유전자는 갖고 있지만 오직 자손을 복제하는데만 필요해. 다른 활동을 위한 유전자는 없거든.

그래서 우리는 세포가 아닌 거지. 에너지를 쓰지 않으니 먹을필요도 없어. 먹고 살 걱정 없이 유유히 세상을 떠돌아 다니다가우리를 받아주는 세포가 있으면 그 안에 들어가서 자손을 만들 수 있는 도구를 빌려쓰면 되지.

　음……그게 무단침입이거나 도둑질이지 어떻게 빌려 쓰는 거냐고 질문이 방금 들어왔네. 우리는 마구잡이로 다른 세포에 들어간 적이 없어. 우리한테 문 열어준 세포한테만 들어갔거든. 그리고 우리는 없어져. 자손을 만들어 달라고 자세한 설명서까지 주면서 세포에게 부탁만 하고 사라져 버려. 그래서 세포를 빌려쓰고 나서 깨끗하게 돌려줬는지까지 우리 어버이들은 책임지고 확인할 수 없었다는 점은 알아줬으면 해. 그리고 세포는 수십만 개의 새로운 자손 바이러스를 복제해 주지. 나를 복제해 냈던 그 세포를 또 만난다면 우리 어버이를 대신해서 감사하다는 인사를 꼭 하고 싶은데, 잘 살아있는지 문득 궁금하네.

　이제 알겠지? 바이러스는 오직 자손을 남기기 위해 우리에게 호의적인 세포를 찾아서 평생을 헤매야 한다는 것을. 그래서 우리는 인간의 세포에 들어갈 수 있기를 바라고 또 바래. 이 지구에서 가장 널리 분포하고, 다닥다닥 모여 사는 생물이 인간이잖아. 우리가 인간 세포에게 들어갈 수만 있다면 아마 우리 자손들도 인간 세포에 들어갈 수 있을 거고, 자손의 자손들은 다른 인간 세포를 찾느라 고생할 필요도 없지. 그래서 인간 세포에 들어갈 수 있게 되는 것은 우리 바이러스가 성취할 수 있는 큰 업적이 되어버렸어. 생각해봐. 우리 가문 이름이 왜 싸코2겠어? 우리가 인간 세포에 들어갈 수 있게 된 업적을 인간들이 인정해준 거 맞지?

지구 생활자를 위한 핵, 바이러스, 탄소 이야기

## 바이러스가 인간을 좋아한다고요?

우리 가문은 코로나 바이러스 부족에 속해. 사실 우리 부족은 인간들에게 별 주목을 받지 못했었지. 그에 비해 인플루엔자 바이러스 부족은 참 유명해. WHO라는 기관에서 '올해의 인플루엔자 가문'을 뽑아서 널리널리 독감을 예방하라고 알려주더라구. 인플루엔자 부족에서 제일 유명한 건 H1N1 가문인데, 예전에 스페인 독감 바이러스라고 별명도 붙어 있어. H1N1 가문은 한번 반짝하고 끝나지 않았어. 스페인 독감 이후로 한 90년은 그 가문도 잠잠했었지.

그 동안 어디서 어떻게 자손들이 살아남았는지 우리도 잘 몰라. 나중에 들어보니 새에서도 살고 돼지에서도 살았다고 하더라. 그러다가 사람에게로 이사했는데, 사람들이 신종플루라고 이름 붙여주고 막 관심 가져주더라고.

그런데 사람들은 H1N1 가문이 자신들의 세포를 빌려쓰는 걸 별로 안 좋아하는 것 같아. 이상하지? 우리의 업적은 인정해주면서 세포 빌려주기는 싫어하다니⋯⋯스페인 독감 때는 그런 게 없었는데, 신종플루 때에는 백신이란 걸 맞았대. 백신을 맞으면 항체라는 게 생기는데 세포들을 만나기도 전에 그 항체들이 H1N1을 어디론가 끌고 가버렸다는 거야. 이것도 직접 본 것은 아니라서 장담은 못하겠지만 사람들이 바이러스를 별로 안 좋아한다는 건 확실한 것 같아. 게다가 타미플루라는 것도 있는데, 그 약을 먹으면 새로 복제된 바이러스들이 세포를 떠나지 못하고 오도가도 못하는 신세가 된다는 거야. 백신과 타미플루를 쓰는 인간들의 속마음이 정말 궁금하다.

아! 생각났어. H1N1만큼 유명한 신흥 명문 가문이 우리 부족에도 있어. 그것도 두 가문이나 있지. SARS-CoV라고 사람들이 부르는 싸코 가문이 있어. 싸코 가문은 우리랑도 꽤 가까워. 가문 이름도 비슷하잖아. 싸코 가문은 원래 박쥐에서 살았어. 사람들은 당연히 싸코 가문에 무관심했지.

사실 이름도 지어주기 전이었어. 언젠가부터 싸코 가문의 자손들이 사향 고양이에게 넘어가서 살더라구. 그러더니 어느 날부터 사람 세포에 들어갈 수 있는 싸코 자손들이 생긴 거야. 그래서 싸코 가문 이름이 생긴 거지. 싸코 가문의 등장에 사람들이 엄청 신기해하고 관심주고 그랬지.

그런데, 어느 날 갑자기 싸코들이 종적을 감췄어. 지금도 사람들 사이에 살고 있는지는 잘 모르겠어. 사람들에게서 우리가 살려면 우리도 사람들을 덜 아프게 해야 하나봐. 그게 뭐 뜻대로 되지는 않는데 자손이 계속 이어져 가다 보면 사람이랑 잘 어울리는 경우도 생겨. 나처럼 말이야. 우리는 싸코만큼 사람들을 아프게 하는 것 같지는 않아. 싸코처럼 반짝하고 사라지지도 않고 사람들 사이에서 산 지 2년이 넘어가는 것 같아. 그 사이에 우리 가문이 사람들 사이에서 많이 번창해서 유명한 세대도 생겨났어.

걔네들은 정말 사람들하고 친화력도 좋아. 델타 세대는 사람들에서 살고 자손을 퍼뜨리는데 탁월해. 요즘 싸코2 후손들 중에 사람들 사이에서 사는 바이러스는 거의 델타 세대밖에 없더라구. 최근에는 오미크론 세대가 나타났는데, 얘네도 델타만큼 사람들 사이에서 잘 사는 것 같아. 참 잘된 일이지.

우리가 바라는 건 별 거 없어. 사람들이랑 사는 게 가문을 이어가기에는 참 좋거든. 싸코나 메코(MERS-Cov) 가문은 너무 주목받다가 반짝하고 사라졌는데, 오랫동안 사람들 사이에 살아온 네 개의 코로나 바이러스 부족 출신 가문이 있어. 더도 말고 덜도 말고 그 네 가문처럼 가늘고 길게 사람들 사이에서 살았으면 좋겠네. 그 가문들은 사람들이 아파도 그냥 감기 정도라고 하던데. 그래서 사람들이 별로 신경도 안 쓰고……. 우리가 정말 원하는 건 그저 인간 세포에 유전자 조금만 살짝 얹는 거야. 그리고 유명하지 않아도 좋아. 자손이 끊이지만 않았으면 좋겠어.


## '함께하기' 위해 우리가 노력해야 할 것들

### 이 대유행이 반복된 우연의 결과라고요?

20세기 이후로 대유행의 대부분은 인플루엔자 바이러스가 원인이었고, COVID-19는 코로나 바이러스가 원인이었죠. 인간과 어느 바이러스의 만남이 다음 대유행이 될까요? 인플루엔자일지 코로나일지 아니면 또 다른 바이러스일지도 모릅니다. 대유행의 후보군들도 있죠. 대유행에 이르지는 않았지만 인류를 긴장시켰던 신종 바이러스 감염병들이 있었어요. 21세기 들어 사스, 메르스, 에볼라, 조류독감 등이 대표적이죠.

사스(SARS, 중증급성호흡기증후군)와 메르스(MERS, 중동호흡기증후군)는 COVID-19처럼 감염병의 원인이 코로나 바이러스이기 때문에 사람들의 관심을 끌었어요. 특히, 사스의 원인 바이러스인 SARS-CoV와 유전적으로 가까워서 COVID-19의 원인 바이러스는 SARS-CoV2라고 명명되었어요. 에볼라는 국지적이지만 줄기차게 나타나고 있어요. 사망률은 평균적으로 50% 내외이지만 발병 사례들을 보면 25%~90%까지 다양해요. 관심 있게 지켜봐야 할 바이러스임에는 틀림없지요.

조류독감은 진화의 과정을 우리가 직접 겪고 있는 것이에요. 조류에게 독감을 일으키는 인플루엔자 바이러스가 인간을 감염시키는 바이러스로 진화하는 과정 말이에요. 흥미로운 건 지금은 인간을 숙주로 한 바이러스들도 그 언젠가 옛날에 진화를 통해 인간이라는 숙주로 갈아탄 시점이 있었을 것이라는 점이에요. 인간을 죽이거나 아프게 할 목적을 가진 것도 아니고, 반드시 인간을 숙주로 삼겠다는 목적으로 변이를 만들어낸 것도 아니죠. 우연히 만들어진 변이 바이러스가 있었어요. 그 변이 바이러스가 우연히 인간의 세포를 만났는데, 조상들보다 인간의 세포에 잘 들어갈 수 있는 능력을 갖게 된 거죠. 그리고 우연히 인간에서 인간으로 전파될 수 있는 능력을 가진 바이러스가 인간의 바이러스가 된 거예요.

바이러스에 감염되어 잠깐은 아플지라도 건강하게 살아갈 수 있는 인간과 인간에서 인간으로 잘 전파되는 바이러스가 만나면 바이러스는 인류가 건재하는 한 대가 끊어질 걱정은 안 해도 되는 거죠. 인류에 적응한 바이러스가 인류에 업혀 가는 셈이 되는 거죠. 공존이라는 결과는 아름다운데, 문제는 이 과정에서 아프거나 죽는 사람이 생긴다는 점이에요.

그래서 이 진화와 적응의 과정이 낭만적일 수만은 없죠. 우연의 연속을 우리는 예측하기가 어렵기 때문에 우리는 바이러스의 진화를 지속적으로 관찰하고 최선을 다해 대응할 수밖에 없는 것입니다. 혹시 우연을 줄일 수 있는 방법이 있지는 않을까 하는 생각을 하셨나요? 정말 좋은 질문입니다!

## 인류가 신종 인간 바이러스가 만들어지도록 돕고 있다고요?

이 대목에서 인류가 던져야 할 중요한 질문은 왜 신종 인간 바이러스가 점점 더 자주 출현하느냐는 것이죠. 무엇인가가 우연을 늘어나게 했다면 그 우연은 더 이상 우연이 아닌 필연이 되어야겠죠.

COVID-19의 대유행이 시작되고 나서 천산갑이 중간 숙주로 역할했다는 것이 알려지자 중국에서 식용으로 야생동물이 거래 되는 것이 비난의 대상이 되었죠. 야생동물의 거래는 숲과 인간 사이의 수많은 접점 중 하나일 뿐이에요. 인간의 영역이 계속 넓어지고 숲으로 대표되는 자연의 영역이 줄어들고 있지요. 야생동물이 살 수 있는 영역이 줄어들면 자연히 야생동물의 개체수가 줄게 되고, 야생동물을 숙주로 삼아 자손을 복제해내는 바이러스에게는 위기이자 낮은 확률이지만 다른 종으로 숙주를 갈아탈 수 있는 기회가 생기는 것입니다.

더군다나 인간은 자기들끼리만 모여서 사는 것이 아니라 길들여진 동물과 함께 살고 있지요. 그것이 집단사육하고 있는 가축이라면 숙주로서 더욱 가치가 올라가고요. 바이러스에게 숙주는 이를테면 생존확률이 낮은 개척지인 셈이죠. 적응하여 정착에 성공한다면 계속해서 자손을 번창시킬 수 있는 일종의 보물섬인 셈이기도 하고요.

그 숙주로서의 가치와 매력이 정점에 있는 것이 인간이기에 신종 인간 바이러스 감염병이 예전보다 증가하는 것이죠. 현대 인류의 삶이 바이러스의 진화와 숙주 갈아타기를 촉진하고 있는 모양새네요.

**우리의 근본적인 해결책은 무엇인가요?**

우리의 현재 모습이 지속되는 한 대유행의 주기는 아마도 더

짧아질 것입니다. 우리에게는 다가올 대유행을 지연시킬 수 있는 방법이 있을까요? 현대 인류의 삶에 어떤 변화를 줘야 할지, 변화가 가능하기는 한지, 생태계 파괴는 쉬웠지만 복원은 할 수 있을런지 여러가지 생각이 듭니다. COVID-19 대유행이 시작되던 초반에는 생태위기에 대한 경각심이 상당히 높아진 듯 보였어요. 생태계 파괴와 기후 위기를 초래한 인간이 COVID-19의 대유행에 스스로 책임이 있다는 언론의 기사를 종종 접할 수 있었거든요.

2020년 4월에 환경보건시민센터에서 조사했던 '코로나19 사태 관련 긴급 국민의식조사' 결과를 보면 1000명의 응답자 중 84% 정도가 코로나19의 근본 원인이 기후변화와 과도한 생태계 파괴라고 응답했어요. COVID-19는 지구가 인류에게 보내는 효과적인 메시지가 되었던 것이죠. 버려지는 마스크와 거리두기로 인해 늘어나는 플라스틱 사용량에 대해 경계하는 목소리도 높아졌죠. '포스트 코로나'에 대해 사회적으로 많은 질문을 던지고 COVID-19는 인류의 삶이 크게 방향을 틀어야 할 계기가 될 것처럼 보였어요.

이미 많이 진행된 생태계 파괴와 기후 위기를 우리가 어떻게 멈추고 되돌릴 것인지에 대해서는 무엇을 해야 할지에 대해서 우리가 모르는 것이 아니라 무언가를 결정하는 것을 계속 뒤로 미루고 있는 것인지도 모르겠어요. 각자 나름의 저울질을 하고 있고, 우리 안에 너무나 다양한 의견들 때문에 결정을 내리지 못하고 있는 것이겠죠.

그렇지만 이 과제는 더디더라도 계속 물음을 던지고 개인적으로, 사회적으로, 국가적으로 그리고 전 지구적으로 함께 답을 찾아나가야 해요. 어쩌면 풀어야 할 문제가 아니라 우리가 지향해야 할 방향 그 자체일지도 모르겠어요. 지금 당장 모든 문제를 되돌리고 해결할 수는 없어도 더 악화되는 속도는 줄일 수 있을 테니까요.

## 모두를 위한 과학기술은 가능할까요?

COVID-19의 유행이 길어지면서 사람들은 점점 지쳐가고 있어요. 코로나가 끝나면, 이 대유행을 우리가 무사히 넘기고 나면 생태계와 지구의 기후를 위해 뭐라도 해야 된다고 대유행의 초기에는 떠들썩했었죠. 대유행이 1년을 지나 만 2년을 넘어서자 저 너머의 문제보다 당면한 문제에 더 집중하는 듯 보여요.

백신의 안전성, 치료제의 확보, 방역 패스의 적용 범위, 자영업자 보상 문제, 위드 코로나 도입 시기 등이 더 중요한 문제가 되어버렸어요. 어쩌면 또 다른 대유행이 올 수 있다고 염려하는 것보다는 당장의 대유행을 극복할 수 있다는 점에서 당장의 고민들이 우리에게 더 희망적일지도 모르겠어요.

유전자 재조합 기술의 발달과 mRNA 가공처리를 위한 연구가 있었기 때문에 mRNA 백신이 빠르게 만들어질 수 있었어요. 긴급하기 때문에 다른 신약보다는 그 검증과정이 간소해졌지만 안전성과 효능에 대한 최소한의 검증은 분명하게 거쳤지요. 백신의 효능은 접종 후 통계를 통해서 입증되고 있고요. N차 접종과 돌파감염 등이 논란을 야기하고 있지만, 사회적 정치적 의도와 과학적 판단은 분명히 구분되어야 해요. 인플루엔자 바이러스에 대한 타미플루만큼 경증과 중증에 두루 쓸 수 있는 치료제는 아직 없지만, 중증 환자를 위한 치료제도 개발되어서 치료에 사용되고 있어요. IT기술과 인프라 덕분에 전 세계의 COVID-19 관련 통계를 빠르게 공유할 수 있고, 세계 각국의 보건정책의 효과를 비교하여 자국 정책에 반영하는 것이 더 빠르게 이뤄지고 있어요.

우리는 일상에서 개인 QR코드를 통해 신분증 없이도 출입확인을 하고 있죠. 개인의 이동경로는 실시간으로 거대한 데이터베이스에 저장돼요. 카드사용 정보 등과 함께 확진자의 동선을 쉽게 확인해서 역학조사에 들이는 시간과 에너지를 줄일 수 있어요. 우리의 과학기술이 총동원되어 이 대유행을 극복하려고 애를 쓰고 있어요. 마치 다음 대유행을 대비할 실전 훈련을 하고 있는 것 같기도 해요. 과학기술뿐만 아니라 체제도 변화하고 있죠.

대표적으로 질병관리본부가 질병관리청으로 격상되었어요. 다만, 과학기술의 산물이 정말 모두를 위한 것인지는 의문이에요. 과학기술의 산물을 내가 차지하기 위해 누군가는 순위에서 밀려나고 있어요.

백신을 예로 들어볼까요? 우리나라의 백신접종완료자 비율이 80%를 넘어섰을 때, 세계 평균은 50%가 채 안 되었어요. 아프리카 대륙은 10%도 안 되었죠. 백신은 개인의 감염예방을 위한 목적도 있지만, 결국 집단면역을 통해 감염 확산을 억제하고 N차 감염을 통한 변이의 생성을 최소화하는 목적도 크답니다. 화이자와 모더나가 가난한 나라에 공급한 백신은 생산한 백신 중에 2%도 안 된다고 해요. 백신의 충분한 공급을 위해 지적재산권 면제와 기술 이전이 필요하다는 주장들이 있었지만, 반대도 만만치 않아요. 바이러스로부터 피할 수 있는 과학기술 방패는 참 매력적인데, 그 방패가 모든 인류를 위하기에는 많은 시간과 비용이 든다는 게 함정이에요.

과학기술로 인한 방패가 더 일반화되고 더 많은 사람이 쓸 수 있었다면 오미크론 같은 변이가 나오기 전에 긴 대유행의 확산세가 꺾이고 감소세로 돌아설 수 있지는 않았을까 하는 생각이 듭니다. 여기에 쓴 것보다 훨씬 복잡한 문제라 단언할 수는 없지만, 만약 과학기술이 최소한 이번 대유행에서만이라도 사람들을 지켜줄 수 있다면 더 많은 사람이 그 혜택을 누릴 수 있도록 노력하는 것이 상식적인 일이 되어야 하지 않을까요? 우리를 위한 일이 결국은 나 자신을 위한 일이거든요. 우리는 공존을 떠올리면 내 자신이 이타적이어야 할 것 같아서, 뭔가 희생해야 할 것 같아서 그 선택이 망설여지기도 하는 것 같아요.

그런데 공존이 바람직한 것이라면 그 선택은 결국은 내 자신을 위한 이기적인 선택일 거예요. 이번 대유행을 많은 사람이 함께 이겨내기 위해서 대유행이 끝난 뒤 바이러스를 포함한 다른 종들과의 공존을 위해서, 그리고 무엇보다 이 지구에서 살아갈 나 자신을 위해서 우리는 어떤 선택을 해야 할까요?

3장

# 탄소

최근, 지구 곳곳에서는 기후변화로 인해 예사롭지 않은 일들이 벌어지고 있어요. 기록적인 폭염이 계속되고, 슈퍼태풍으로 이재민이 속출하며, 빙하가 녹아 해수면이 상승하는 등 더 피해 규모가 커지고 피해 정도가 심해지고 있어요.

이산화탄소는 기후변화를 일으키는 대표적 온실기체입니다. 2021년 12월, 전 세계 이산화탄소 평균 농도는 417ppm이 되었어요. 기온이 더 이상 올라가지 않도록 하려면 이산화탄소의 배출을 최대한 막아야 하는 상황이에요.

그런데 말입니다. 이산화탄소는, 특히 이산화탄소를 구성하는 탄소는 지구가 탄생했을 때부터 줄곧 함께 해왔어요. 지구상의 모든 동식물들에게는 생명을 이어가는 에너지원이었고, 자손을 유지시키는 요소였으며, 지구의 환경을 동식물들이 살 수 있는 곳으로 만들어주던 가장 대표적인 원소였어요. 그랬던 탄소가 어떻게 지구를 위협하는 존재가 된 것일까요? 어디서부터 잘못된 것일까요?

# 방귀세
## 부과 사건

서기 1RX33년,

대기 중 이산화탄소가 급증하면서

행성의 온도가 올라가자 행성 사람들은

급기야 인간의 생리작용을 규제하는 법률을

제정하기에 이르렀는데…….

이 이야기는 미래의 어느 행성에서 벌어진

가상의 이야기입니다.

지구 생활자를 위한 핵, 바이러스, 탄소 이야기

대기 중 이산화탄소가 급증하면서 행성의 온도가 과거 100년 전에 비해 4도씨가 상승하였다. 극심한 기후변화는 행성자동조절 장치를 무력하게 만들었다. 결국 정치국에서는 인간의 생리 작용까지 제한하는 법률을 만들게 되었다.

### 행성의 온도 저감을 위한 인간의 생리작용에 대한 법률
#### [법률 제11776호, 1RX33년 5월 22일 입법]

제1조(목적) 이 법은 행성의 온도를 저감하기 위함이 목적이다. 대기 중 급증한 이산화탄소로 인해 행성의 온도가 과거 100년 전에 비해 4도씨가 상승하였다. 이런 기후변화로 인해 행성자동조절 장치 또한 무력해진 상황이다. 따라서 "인간의 생리작용"에 의해 발생하는 온실 기체의 양을 줄여 행성의 온도를 저감하고자 한다.

제2조(정의) 용어는 다음과 같이 정의한다.
1. "행성의 온도"란 대기의 온도와 해수의 온도를 말한다.
2. "생리작용"이란 트림, 방귀 등 인간의 몸 밖으로 온실 기체를 방출하는 현상을 말한다.
3. 적용 대상은 행성시민 중 만 13세 이상 된 자에 한한다.

제3조(생리작용 가스 처리 기준) 다음 각 호의 어느 하나를 준수하지 않

은 경우, 10만 원 이하의 벌금, 구류 또는 과료(科料) 형으로 처벌한다.

1. 소규모 실내: 생리작용 가스 포집통의 비치를 의무화하여 그곳에 생리 가스를 방출, 포집해야 한다.

2. 10인 이상 운집 가능한 공간: 고정식 가스 포집실과 전용 포집기를 설치하고, 이곳에서 생리가스를 방출, 포집해야 하며 용량에 따라 정해진 수거 기간을 엄수해야 한다.

3. 거리: 100m 간격으로 이동용 가스 포집실을 설치해야 한다. 행인들은 이곳에서 생리가스를 방출, 포집해야 한다.

4. 대중교통: 위생 관계상 각 개인은 휴대용 포집통을 항상 소지해야 한다.

5. 개인용 교통수단: 1RX34년 1월 1일 이후 출시되는 개인용 교통수단에는 생리가스 포집기를 의무적으로 설치해야 하며 생리가스를 방출한 뒤 10초 이내에 기계를 작동시켜야 한다.

6. 수면: 수면 중 발생하는 생리가스를 포집하기 위해 수면 시 포집 마스크를 착용해야 한다.


제4조(누진 벌점 처리 기준) 1~5회까지 위반 시 벌점 1점, 6~10회까지는 위반 회수의 2배, 11~15회까지는 위반 회수의 3배로 벌점을 부여한다. 총 누적 벌점이 45점 이상이면 징역 5년에 처한다.


행성의 온도를 떨어트리기 위해 인간의 생리작용을 법으로 제한한다니! 방귀까지 법으로 막으려 한다는 게 말이 된단 말인가.

이런 말도 안 되는 법률이 제정된 지 벌써 1년이 지나고 있다. 지난 1년 동안 이 법 때문에 벌어진 온갖 해프닝들을 생각하면 사람들은 한숨을 쉬려다가도 이마저도 법을 위반하는 게 아닌가 싶어 눈치를 보게 된다. 대체 어떻게 이런 해괴망측한 법이 시행되게 된 걸까? 시작은 이랬다.

전 세계에 걸쳐 이상한 날씨가 계속된 지 벌써 반세기가 지나고 있었다. 기록적인 기상이변이 계속되자 곳곳에서 문제들이 터져 나왔다. 사람들의 생활이 눈에 띄게 변하기 시작했다. 어떤 것은 느려지고 또 어떤 것은 지나치게 빨라졌다.

천 년 넘게 내려온 음식 문화는 속도의 변화를 따라가지 못했다. 사람들은 각종 음식물로 인한 질환에 시달렸다. 직장이나 학교가 시작되는 시간도 앞당겨졌다. 습도가 90이 넘는 무더위가 기승을 부리자 전국적으로 오후에 낮잠 자는 시간도 생겨났다. 낮잠이라도 자지 않으면 대형 사고들이 넘치게 될 판이었다. 떨어진 생산성을 보상할 만한 그 어떤 대책도 기후대의 변화 앞에서는 무용지물이었다. 양과 소처럼 메테인가스를 트림으로 대량 방출하는 가축에게는 방출한 메테인을 즉시 이산화탄소로 변환시키는 마스크를 코구멍에 장착시켰다. 스트레스 탓에 육류 생산량이 뚝 떨어졌다. 제사상에는 사과나 배 대신 망고와 오렌지가 올라왔다. 개도 명태를 물고 다니던 동해안 지역에서는 명태 축제가 사라진 지 오래였다. 바닷속 환경이 변하는 바람에 서식하는 어종이 달라졌기 때문이었다. 바다에 친 그물에는 쓸모없는 대형 해파리들만 이 들러붙었고, 어부들은 이것들을 떼어내려다 그물을 망치고 해 파리 독에 쏘여 고생하고 있었다. 해파리에게 쏘였을 때 독을 3초 만에 진정시켜준다는 '3초 연고'가 여름철 전파 화면을 타고 시끄 럽게 광고를 해대고 있었다.

한편 바다 생물들은 바다에 탄산가스가 지나치게 많이 녹아들 어간 탓에 골다공증이 걸려 몸살을 앓고 있었다. 콜라에 치아를 넣으면 치아 표면을 감싸는 에나멜이 벗겨지고 녹아 결국엔 치아 가 없어지는 실험과도 같은 원리였다. 대기 중에 이산화탄소의 양 이 많아지자 바다 속에 이산화탄소가 대량으로 녹아들어가 바닷 물이 산성화되기 시작했고, 조개나 산호처럼 단단한 골격이 있는 해양 생물들은 껍질이 흐물거리기 시작했다. 콜라 속에 들어간 치 아와 같은 운명에 처하게 된 것이다. 게와 새우의 껍질이 마시멜로 처럼 말랑거리기 시작했고, 조개껍질은 살짝 눌러도 바삭하며 부 서졌다. 바다의 산도가 높아지면서 바다 생물의 골다공증은 해양 생태계 전체에 영향을 주고 있었다.

건축 방식도 바뀌었다. 태양을 등지고 북향으로 지은 집은 이제 일반적이었다. 남향인 집은 가격이 아주 형편없는 집들 중에서나 볼 수 있을 뿐이었다.

체력이 약한 노인들이 폭염으로 사망하는 사례가 늘고 있었다. 대부분 여름휴가 기간 동안 홀로 남겨진 노인들이었다. 혼자 사는 노인들에게는 국가에서 여름에 지급하는 '냉방비 지원 제도'가 이제 필수적인 복지 제도가 되었다. 온도가 올라가면서 대기는 증발한 수증기로 인해 더 습해졌고, 불쾌지수가 올라갔다. 폭력과 폭동, 난동이 빈번해지자 나중에는 이런 여름철 소동이 볼썽사나운 계절 축제같이 인식되기도 할 정도였다. 임시방편으로 정치국에서는 '폭염전화'를 신설했다. 너무 더워서 몸에 이상 징후가 느껴졌을 때 곧장 전화하면 신속하게 이송 차량이 와서 더위에 지친 사람들을 냉방 장치가 가동 중인 열파 피난처로 이송해 주었다.

더위가 한창 기승을 부리자 시신의 부패 속도도 빨라졌다. 하지만 시신을 수용할 수 있는 장의차의 수가 한정되었기 때문에 비상이 걸렸다. 결국 정육업체의 냉장 트럭이 장의차 역할을 대신했다. 장례 절차는 더욱 빨라졌다. 삼일장을 치렀다는 말은 옛말이 된 지 오래였다. 지금은 6시간 후에 화장을 하는 '육시장'이 대부분이었다. 그것도 최근에는 화장으로 인해 대기 중 이산화탄소 발생량이 많아지자 화장 문화를 대체할 다른 장묘 문화가 만들어져야 한다는 목소리가 높아지는 실정이었다.

정치국의 포고령은 이런 와중에 발표되었다.

생각할수록 어처구니없는 파시즘적인 법령이 아닐 수 없었다. 인간의 생리작용까지 법으로 규제하려고 하다니. 그러나 한편으로 사람들은 체념한 눈치였다. 이 상황까지 온 데에는 어쩔 수 없는 사정이 있을 거라고 생각했던 것이다. 최근 과학국에서 발표한 보고서도 이런 생각에 힘을 실어주고 있었다. "행성자동조절 장치가 한계에 도달했다"는 내용의 보고서였다. 이 보고서가 발표된 뒤 의회에서 절대다수의 찬성으로 포고령이 통과되었다.

그렇다면 여기서 말하는 행성자동조절 장치란 무엇일까? 이것은 행성을 오랜 기간 동안 유지시켜주던 장치였다. 물론 인간이 인공적으로 설치한 장치는 아니었다. 행성이 생명체를 가질 수 있을 만큼 태양으로부터 적당한 거리에 있게 된 것이 우연이었던 것처럼, 이것도 마찬가지로 행성이 진화하는 과정에 자연히 생긴 장치였다. 과학국의 일부 연구원들 중에는 이 장치가 진화 과정에서 행성의 무생물과 생물이 서로 통신하는 것처럼 정보를 주고받고 견제하고 도움을 주는, 마치 살아있는 유기체처럼 슈퍼 시스템으로 진화했을 거라고 주장하기도 했다.

그렇다. 행성은 스스로 온도를 조절하는 능력이 있었다. 마치 몸이 더워지면 땀을 흘려 체온을 떨어트리듯 말이다. 행성자동조절 장치가 작동하는 방식은 이랬다. 대기의 온도가 올라가는 적신호가 울린다. 해수의 온도도 덩달아 올라간다. 그러면 바다에서는 1차 생산자 역할을 하는 플랑크톤이 봄에 수만 가지 꽃들이 만개하듯 폭증한다. 늘어난 플랑크톤은 광합성을 위해 대기 중 이산화탄소를 포획사용하여 대기의 기온은 다시 낮아진다. 온도가 낮아지면 대기 중의 수증기가 구름으로 응결하여 태양 빛을 반사하거나 흩어놓아 지구의 기온은 더 낮아진다. 지구의 기온이 낮아지면 플랑크톤의 번식은 눈에 띄게 줄어든다. 짧은 생애주기를 마친 플랑크톤이 분해되면서 발생한 이산화탄소는 다시 대기의 기온을 올린다. 올라간 기온은 다시 왕성하게 수증기를 만들고 늘어난 수증기 탓에 기온은 다시 더 올라간다. 온도가 올라가서 생긴 현상이 다시 온도를 낮추는 결과를 만들고 다시 온도가 낮아지면서 발생한 현상이 기온을 다시 높이는 결과를 만드는 것이다.

행성은 이런 방식으로 아주 오랜 기간 동안 자연스럽게 온도와 이산화탄소의 양을 조절해오고 있었다. 문제는 행성자동조절 장치가 효과를 나타내기까지 수만 년이 걸린다는 사실이다. 하지만 지난 몇백 년 동안 인간이 산업 활동을 활발히 벌이다 보니 대기 중 이산화탄소의 양이 갑자기 어마어마하게 늘어나 버렸다. 행성이 자연적으로 발생시키던 이산화탄소의 양과는 비교할 수 없는 양이었다. 조절 장치의 가동이 의미 있는 결과를 만들어내지 못하는 상태가 되어 버린 것이다. 행성자동조절 장치가 제 역할을 하지 못하면서 다른 과학적 시도들이 다양하게 이루어졌지만 그 시도들은 번번이 더 큰 파국을 몰고 왔다. 행성의 작동 방식을 인간의 과학으로 알아내기에는 인간의 역사는 짧고, 지식은 천박했으며 욕망은 컸다.

결국 1RX33년, 법안이 통과되자 정치국은 1년 동안 예비 시행 기간을 갖고 법령을 시행하기로 결정한다. 사람들에게 적응할 시간을 주기 위해서였다. 인류가 태초에 존재한 이후 자연스럽게 해

오며 생물학적 리듬으로 자리 잡은 생리 현상을 강제로 조절하려는 시도가 결코 쉬운 일이 아님을 모두가 알고 있었다. 상당한 진통을 예상할 수 있었다. 하지만 그것이 큰 사건으로 확대되리라고는 어느 누구도 예상하지 못했다.

법령이 포고되자 여러 인권단체와 의사협회 등에서 강력하게 반대를 하고 나섰다. 생리작용을 과도하게 억제할 경우 건강에 막대한 지장을 줄 수 있다는 주장도 나오고, 헌법에 보장된 국민의 행복추구권에 위배되는 악법이라는 주장도 나왔다. 거리와 광장에는 사람들의 시위와 촛불집회가 열렸다. 특히 시민단체 중 평소 막걸리를 좋아하던 회원이 많았던 곳에서는 막걸리를 마셨을 때 생리가스 중 트림이 많이 발생하는 것을 들어 특정 단체를 죽이기 위한 정치권의 음모라는 주장을 펼쳤다. 반대를 하기는 청소년들도 마찬가지였다. 마시면 트림이 많이 나오는 콜라를 즐겨 마시던 청소년들은 기호식품을 섭취하지 못했을 때 정신건강상 큰 피해를 보게 되어 결국 이것이 미래사회를 암울하게 만들 것이라고 주장했다. 식이섬유가 많아 먹으면 방귀를 많이 뀌게 되는 보리 농사를 짓는 농부들은 채 영글지도 않은 시퍼런 보릿단을 트랙터에 싣고 와 정치국 앞 광장에 쌓아 놓고 불을 지르며 생존권을 보장하라는 시위를 벌였다. 음악인들은 거리 공연을 하며 방귀를 위한 진혼곡이나 트림 행진곡을 만들어 연주하거나, 중저음의 방귀와 트림 소리만으로 비트박스를 만든 힙합 곡을 부르며 시위를 했다.

지구 생활자를 위한 핵, 바이러스, 탄소 이야기

방귀를 뀔 수 없는, 절반의 기능을 빼앗겨 버린 항문에 대한 추도사도 인터넷 여기저기에서 돌아다녔다. 법령은 당장이라도 폐기될 위기였다.

그런데 말이다. 이런 반대 여론에 찬물을 끼얹는 사건이 일어났다. 러시아 영구 동토층이 녹아내리는 바람에 얼음 형태로 고정되어 있던 메탄수화물이 녹아 메탄가스가 대량으로 방출된 것이다. 이 가스들은 자연발화되어 대형화재를 내며 한 달 동안이나 진화가 되지 않고 타올랐던 것이다. 좀처럼 꺼지지 않는 이 불을 사람들은 좀비파이어라고도 불렀다. 행성자동조절 장치로 도저히 감당할 수 없는 극한 상황이었다. 대책이 필요했다. 사람들은 모든 생태계가 인류에게 등을 돌리고 이산화탄소를 방출하는 배출원으로 돌아설지도 모른다는 두려움에 떨었다. 과학자들의 주장이 부정할 수 없는 현실임을 알려주는 사건이 벌어지자 생리가스 포집에 관한 특별법은 반대여론을 누르고 자연스럽게 시행되게 되었다.

하지만 초기부터 법 시행은 순조롭지 않았다. 시설이 미미했고 개인마다 생리작용에 따른 특성이 달라서 엄청난 혼란이 일어났다. 거리에는 여기 저기 엉덩이를 부여잡고 뛰어다니는 사람들로 정신이 없었다. 가스를 몰래 방출하고 숨기기 위해 자리를 급히 떠나는 사람, 손바람으로 냄새를 흩트리는 사람, 자기가 방출해 놓고 옆에 사람을 째려보는 사람, 이미 껴 놓고 생포통을 나중에 사용하는 척하는 사람 등 별의별 사람들이 생겨났다. 한편 이 법령으로 경제적 특수를 누리는 업종도 생겼다. 제약회사의 관장약 판매량이 급증했다. 변비가 과도한 생리가스를 배출하자 이를 사전에 대비하려는 시민들의 힘겨운 노력의 결과였다. 소소하게는 요구르트 판매량도 늘었다. 대장의 연동운동을 강화하기 위한 대장 성형 시술이 유행의 급물살을 탔고, 방귀 냄새를 재현한 방향제를 추억의 향수로 판매하는 홈쇼핑도 등장했다. 방귀를 뀌어도 냄새가 새어 나가지 않아 법을 위반한 사실이 발각되지 않는 특수 화학처리된 항문 마스크도 새롭게 등장했다. 그런데 사건은 엉뚱한 곳에서 터져버리고 말았다. 전혀 생각하지도 못했던 곳에서.

이렇게 우여곡절, 요절복통 눈물겨운 사연들을 만들어내며 모아진 생리가스들은 모두 어디로 갔을까? 사람들은 땅 속 깊은 동굴이나 석유를 다 뽑아 쓰고 비어버린 지층을 주목했다. 그곳이라면 생리가스를 안정적으로 매립할 수 있어 보였다. 가장 적절한 후보지로 멕시코만의 깊은 바다 속에 있던 옛 유정이 뽑혔다. 그곳은 석유를 다 뽑아내서 이제는 빈 유정이었고, 무엇보다도 그 규모가 엄청났다. 포집한 생리가스를 압축하여 주입하기에 더없이 좋아 보였다.

작업 공정은 까다로웠다. 심해에서 이루어지는 일이었기 때문이다. 하지만 같은 이유로 깊은 바다는 더 안정적이기도 했다. 사람들은 생리가스를 매립하는 작업에 바로 착수했다. 그러던 어느 날, 사고가 터졌다.

심해의 압력을 계산하는 데 오류가 생긴 것이다. 로봇이 오작동하기 시작했고, 급기야 가스 주입봉이 부러져 버리는 사건이 발생했다. 그 결과 생리가스가 한꺼번에 바다로 유출되는 대형사고가 발생했다. 법령이 시행된 지 1년이 채 되지 않은 시점의 일이었다.

피해는 어마어마했다. 행성 전체에서 발생한 가스를 주입하였기 때문이었다. 이 사고로 수천억 톤에 이르는 주입 매장량 중에 1/3에 해당하는 생리가스가 흘러나왔다. 주입봉에 문제가 발생할 경우 유정의 구멍을 자동으로 막아주는 대형 뚜껑도 아무런 힘을 발휘하지 못하고 날아가 버렸다.

가스가 방출된 멕시코만 일대의 바다 생물들은 가스 중독으로 죽거나 병들었고, 심해로 뿜어져 나온 생리가스인 메탄가스는 대기 중으로 상당량 방출되었다. 유정의 구멍은 한 달이 지나도록 봉쇄되지 못한 채 가스를 뿜어댔다. 대형 뚜껑을 다시 제작하여 선박으로 싣고 간 다음, 심해로 내려보내 씌우는 데 가까스로 성공하기까지 그 피해는 실로 막대했다. 이미 인근 해양 생태계는 망가질 대로 망가지고 대기 중에는 온실 기체의 농도가 급증한 상태였다. 이로 인한 기상 이변은 불을 보듯 빤한 상황이었다.

이 사고로 행성 주민들은 불안에 떨었다. 일부 지역에서는 폭동 세력이 의회를 장악하는 쿠데타가 일어나기도 했으며, 일부 지역에서는 이 법안이 태생부터 문제가 있었다면서 생리가스 자유 배출

해방구를 선언하는 게릴라들의 국지전도 일어났다. 지구 종말을 우려하며 식량과 물과 연료 등을 사재기하려는 인파들로 대형 마켓은 일대 혼잡을 이루었다. 이 북새통 속에서 인파에 깔려 압사당하는 사람들의 수도 만만치 않았다. 이제는 멕시코만의 생리가스 유출 사고가 문제가 아니었다. 그동안 심리적으로 부담감에 눌려왔던 시민들이 일으킨 폭동이 문제였다. 종말에 대한 불안감은 행성 전체에 퍼져나가기 시작했고, 폭동을 진압하기 위해 실탄을 장착한 계엄군 파견이 초읽기에 들어갔다는 소문이 돌았다. 방귀와 트림 때문에 전쟁까지 일어날 판이었다. 방귀와 트림을 자유롭게 배출할 수 있는 권리를 선택할 것인지, 아니면 지속가능한 미래의 생존을 선택할 것인지, 행성 역사상 최대 위기의 순간이었다.

참, 이 행성이 지구는 절대 아니다. 절대 지구일 리 없다.

지구 생활자를 위한 핵, 바이러스, 탄소 이야기

# 이산화탄소 농도 역대 최고치 기록, 400ppm 시대를 열다

2015년 3월,

미국 국립해양대기청은 충격적인 발표를 합니다.

전 세계 대기의 이산화탄소 월 평균 농도가

관측 이래 처음으로 400ppm이 넘었다는 내용이었습니다.

사람들은 큰 충격에 빠집니다.

400ppm이란 숫자는 넘어서는 안 될

이산화탄소 농도의 양으로,

일종의 심리적 저지선과 같은 숫자였습니다.

그리고 2021년 12월 대기 중 이산화탄소 농도는

417ppm으로 계속 상승 중입니다.

## 이산화탄소의 농도는
## 예전에 비해 얼마나 달라졌어요?

이산화탄소 농도를 공식적으로 관측하기 시작한 것은 1958년이었어요. 그때 농도는 313.4ppm이었어요. 그리고 56년이 지난 2015년, 관측 이래 처음으로 400ppm이 넘었지요. 무려 87ppm 정도나 늘은 거예요. 처음에는 매년 0.7ppm씩 늘어가던 이산화탄소 양은 최근 10년 동안 매년 2.1ppm씩 높아졌어요. 화석연료를 사용하는 등 인간의 활동이 많아지면서 이산화탄소 농도도 급격히 늘어난 것이죠. 그것과 함께 지구의 온도도 비슷한 곡선을 그리며 올라갔어요. 그리고 2021년 12월 대기 중 이산화탄소 농도는 417ppm으로 계속 상승 중입니다.

## 어쩌다 이산화탄소 농도가
## 지구온난화를 알 수 있는 척도가 됐어요?

50년이 넘는 세월 동안 이산화탄소의 양을 기록했던 찰스 데이비드 킬링 박사와 그의 연구원들 덕분이지요. 물론 이산화탄소가 지구의 기온을 올린다는 것은 200년 전부터 알려진 사실이었고요. 1958년부터 킬링 박사는 하와이 마우나 로아 화산 중턱에 세워진 관측소에서 대기를 분석하다가 대기 중 이산화탄소 농도를 기록하게 되었다고 해요. 1시간에 4번 공기를 채취해 이산화탄소의 양을 쟀어요. 킬링 박사는 처음 1년 동안은 들쑥날쑥 올라갔다

내려갔다를 반복하는 이산화탄소의 양을 보고 녹색식물들의 광합성 활동에 따라 5, 6월경에는 이산화탄소 양이 최대로 올라가고 9, 10월에는 최소로 떨어지는 거라고 생각했어요. 최댓값과 최솟값이 서로 균형을 이루면서 전체적으로 지구가 균형을 유지하는 거라고 생각했던 거예요. 그러다 시간이 갈수록 이 평균값들이 점점 올라가고 있다는 사실을 발견하게 되죠. 과학자들은 이 결과를 토대로 대기 중에 이산화탄소가 많아질수록 지구의 평균 온도가 올라간다는 사실을 확실히 증명하게 됩니다. 그 이후 이산화탄소는 지구 기온 변화의 척도로 활용되기 시작했어요.

### 이산화탄소가 지구온난화의 주범인가요?

과학자들은 그렇다고 보고 있어요. 이산화탄소는 석유나 석탄 같은 화석연료를 태울 때 나오는 물질이에요. 산업혁명 후 화석연료를 많이 사용하게 되면서 대기 중에 이산화탄소의 양이 늘어나게 되고 그로 인해 지구의 기온도 올라가기 시작했어요. 하지만 이산화탄소는 주범이라기보다는 주된 원인이죠. 대기 중에 이산화탄소가 늘어나게 된 원인을 제공한 것은 인류니까, 주범을 굳이 찾아야 한다면 인류겠죠.

1997년, 일본 도쿄에서 열린 기후협약총회에서는 세계 거의 모든 국가가 모여 지구 온난화를 막기 위해 〈도쿄의정서〉를 채택했어요. 관리해야 할 온실 기체를 6가지로 지정한 다음, 모두 힘을 합쳐 대기 오염 물질을 1990년 수준보다 약 5% 정도 줄이자는 것이 주요 내용이었어요. 6가지 온실 기체를 지구 온난화에 미치는 기여도 순으로 나열하면, 이산화탄소($CO_2$)가 88.6%로 가장 크고, 메테인($CH_4$) 4.8%, 일산화이질소($N_2O$) , 2.8%, 기타 플루오르화 화합물 3가지가 3.8%를 차지하고 있어요.

## 메테인이 두 번째네요?

사실 열을 흡수하는 능력은 100년을 기준으로 메테인이 이산화탄소보다 약 23배나 커요. 하지만 대기 중 메테인의 양은 이산화탄소에 비해 1/200 정도이기 때문에 기여도는 낮은 편이죠.

## 수증기도 온실효과에 기여하지 않나요?

맞아요. 수증기도 온실효과를 일으키는 주요 원인이에요. 하지만 수증기는 이산화탄소와 같은 온실 기체와 함께 있을 때만 효과를 발휘할 뿐 온실 기체가 없어지면 영 맥을 못 추는 특징이 있어요. 그래서 6가지 온실 기체 목록에는 포함되지 않았어요. 수증기는 온실 기체가 없으면 기온이 떨어지면서 비가 되어 땅에 떨어지거든요. 온실 기체가 지구가 내보내는 복사열을 붙잡아 둘 때만 그 역할을 한다는 것이죠. 온실기체에 의해 지구의 기온이 올라가면 지구상에 있던 물이 수증기가 되고, 그 수증기가 온난화를 일으키게 되는 것이지요. 수증기는 이산화탄소가 일으키는 지구온난화보다 대략 2~3배 이상 온난화에 기여를 하지만, 자기가 먼저 나서서 역할을 하지는 못하는 수동적인 온실 기체인 셈이지요. 또, 대기 속 수증기 중 인간활동에 의해 인위적으로 증가한 양은 많지 않아요. 그래서 관리 대상에 들어가지 않는답니다.

## 온실 기체만 기후변화를 일으키나요?

절대 그렇지 않아요. 대기 중 이산화탄소가 일으키는 작용은 수증기나 다른 요인들과 함께 섞이면서 훨씬 복잡해져요. 어떤 것은 온실효과를 더 강하게 일으키기도 하고 또 어떤 것은 막기도 하지요. 이것을 피드백, 우리 말로는 되먹임이라고 부른답니다. 지구는 하나의 거대한 시스템으로 서로가 그물처럼 연결되어 있는데, 연결된 고리가 그 현상을 강화하기도 하고(양의 피드백) 약하게 만들기도(음의 피드백) 해요. 예를 들어 낮은 구름은 대기 중에서 햇빛을 차단하여 지구의 기온이 올라가는 것을 막는 음의 피드백 역할을 하지만, 높은 구름은 지구 표면의 열을 밖으로 내보내는 것을 막는 담요 역할을 하는 양의 피드백 역할을 하기도 해요. 북극 바다에 떠 있는 빙하는 태양복사 에너지를 반사해서 지구의 기온을 낮추고 있어요. 그런데 기온이 올라가고 수온이 따라서 올라가면 얼음이 녹겠죠. 이제 짙은 바다가 드러나면 태양복사 에너지를 반사하는 대신 흡수하게 되고, 이에 따라서 수온과 기온은 더 많이 올라가게 되고, 또 얼음이 더 많이 녹게 되죠. 빙하로 인해 북극에서는 강한 양의 피드백이 일어나고 있어요. 또, 최근에 우리나라 과학자의 연구 결과에 의하면 북극 바다의 식물성 플랑크톤이 증가하면 광합성에 의해 음의 피드백만 일어나는 것이 아니라 식물성 플랑크톤의 녹색으로 인해 태양복사 에너지의 흡수율이 증가해서 양의 피드백 현상도 함께 일어난다고 해요. 지구라는 거대한 시스템에는 이런 양과 음의 피드백이 많이 일어나고 있어요. 하지만 과학자들은 전체적으로 양의 피드백이 더 많이 일어나고 있고, 그래서 지구온난화가 더 심해진다고 설명해요.

### 이산화탄소는 어쩌다 가장 강력한 온실 기체가 된 걸까요?

지구가 내보내는 에너지의 파장은 약 $10\mu m$(마이크로미터)에서 가장 세게 나타납니다. 이 파장대에 있는 것이 바로 적외선 영역이랍니다. 적외선을 가장 잘 흡수하는 기체가 바로 지구의 열을 잘 가두는 온실 기체이지요.

이산화탄소는 탄소 원자 하나에 산소 원자 2개가 양쪽으로 붙어 있는 모양이에요. 이산화탄소는 적외선 파장의 전자기파, 즉 열을 흡수하면 몇 가지 모양으로 운동을 한답니다. 산소 원자 2개가 서로를 향해 머리핀처럼 살짝 구부러지기도 하고, 탄소 원자가 몸을 젖히거나 접으며 산소와 결합한 팔의 길이를 늘이거나 줄이기도 하죠. 이렇게 흡수한 에너지는 결국 열로 다시 쏟아내고, 그 열이 원래 나왔던 지구로 들어가기도 하고 우주로 빠져나가기도 해요. 다른 온실 기체들도 적외선 영역의 에너지를 흡수할 때 이런 운동을 해요. 게다가 이산화탄소는 대기 중에 가장 많은 온실 기체죠. 그래서 온실 기체를 대표하는 이름표를 달게 된 것이랍니다.

## 이 속도라면 450ppm을 넘기는 건 시간문제겠어요.

미국 국립해양대기청의 세계온실기체네트워크 수석과학자인 피터 탠스는 "세계 평균치가 400ppm을 넘어서는 건 시간문제였을 뿐"이라고 말했어요. 산업화 이전에는 대기 중의 이산화탄소 농도가 평균 280ppm이었다고 하니 우리 인간들이 열심히 석탄을 때고 공장 굴뚝을 올리고 속도 경쟁을 하면서 120ppm 이상 높아진 거죠. 그중 절반은 1980년 이후에 쌓인 것이라니 무시무시한 속도로 늘어나는 셈이에요. 기후 과학자들은 이 속도라면 21세기 중반에는 이산화탄소 농도가 450ppm에 이를 것이고, 450ppm이 되면 세계 평균기온이 산업혁명 이전에 비해 2도 이상 올라갈 것으로 예상하고 있어요. 그런데 2도가 되면 지구의 거대한 몇몇 생태계는 급격하게 붕괴해 버릴 수 있다는 경고를 과학자들은 하고 있어요.

## 2018년 지구 온난화 1.5도 특별보고서

인천송도에서 IPCC(기후변화정부간협의체)가 다시 모였어요. 2007년에 이어 이미 2013년도 5차 정기보고서를 발표했는데, 2018년도에 특별보고서를 부랴 부랴 발표했어요. 정기보고서가 아니라 특별보고서를 내게 된 배경에는 2015년 파리기후협정문에 표기된 2도에 말들이 많았기 때문이에요. 2도라는 목표는 선진 산업국가들이 주장하는 것이었고, 섬나라나 기후 위기의 피해를 직접적으로 입고 있는 저개발 국가들은 1.5도를 주장하고 있었거든요. 그래서 파리협정문에는 '2도를 넘지 않도록 하되 가능한 1.5도로 제한하기 위해 노력한다.'라고 2가지 온도를 함께 적었답니다. 그리고 IPCC(기후변화정부간협의체)에 1.5도가 타당한지에 대한 과학적 근거를 조사할 것을 요청하였지요. 그리고 2도가 아니라 1.5도 이상 온도가 올라가지 말아야 지구 생태계가 위기에 처하지 않을 것이라는 결론을 내렸지요.

03

# 평균 기온이
# 1.5도 올라간다는 것

지난 200년간 지구의 평균 온도는 계속 올라갔습니다.

전 세계적으로는 약 1.09℃ 정도 올랐고,

우리나라는 이보다 높은 1.6℃가 올랐죠.

바다보다 육지에서 변화의 폭이 더 컸는데

특히 북반구 고위도의 육지에서 기온이 많이 올랐답니다.

## 2도와 1.5도가 큰 차이인가요?

하루에도 기온은 몇 도씩 오르락내리락하는데 지구의 평균 온도가 0.5도 올라가는 걸로 뭐 그리 호들갑이냐고 생각할 수 있어요. 하지만 하루하루의 온도와 지구의 모든 지역과 그 지역의 모든 계절의 평균 온도는 달라요. 빙하기도 현재보다 평균 4~6도 정도 낮았을 뿐이고, 지난 5백만 년 동안 전 지구 평균 기온은 산업화 이전보다 평균 2도 이상 올라간 적이 없어요. 그러니 2도는 매우 큰 온도 변화겠죠.

2도가 올라가면 서남극빙상, 여름북극해빙, 산악빙하, 그린란드 그리고 산호초 생태계가 붕괴될 위험이 너무 커져요. 1.5도가 되어야 최악의 위기에서 조금 빗겨서 있을 수 있다고 해요. 2도가 되면 북극해 해빙이 사라질 확률은 10년에 한번 생기지만, 1.5도가 되면 100년에 한번으로 줄어들고, 해수면도 1.5도가 유지될 경우 2도일 때보다 10cm 더 낮아진다고 합니다. 과학자들은 1.5도가 지구생태계라는 젠가를 무너뜨리지 않기 위한 최소한의 온도라고 말하고 있어요. 젠가는 무너지면 다시 돌이킬 수 없고 게임은 종료되고 말아요.

## 지구생태계가
## 젠가놀이처럼 무너지나요?

고무줄을 당기다 놓으면 다시 원래대로 회복되지요. 다시 한번 더 고무줄을 세게 당겼다 놓아도 고무줄은 원래대로 회복됩니다. 하지만 더 세게 쫙 잡아당기다 보면 툭 하고 고무줄이 끊어져 버려요. 다시는 회복되지 못하게 되죠. 지구 생태계도 이런 고무줄 같이, 외부의 교란으로부터 스스로 회복되는 능력이 있지만 무한정 가능한 것은 아니에요. 회복탄력성의 한계를 넘어서게 되면 회복이 불가능한 상태가 되어 버리게 되죠. 나무 블럭을 쌓는 젠가 놀이를 하다 젠가 탑이 어느 순간 무너지는 것과 같은 거죠. 이렇게 생태계가 급격하게 변하는 점을 '티핑포인트'라고 불러요. 1.5도를 지켜야 하는 이유가 바로 가능한 많은 생태계가 이런 티핑포인트를 넘지 말아야 하기 때문이에요. 그래서 가능한 1도라도, 0.1도라도 더 낮추어서 여러 생태계가 회복탄력성을 벗어나는 일이 없도록 해야 한답니다.

## 이러다 지구가 아수라장이 되겠어요.

가장 핵심은 이 모든 일이 예측하기 매우 어려울 뿐만 아니라 도미노가 쓰러지듯 서로 영향을 주게 된다는 점이에요.

예를 들어 볼게요. 이산화탄소 양이 엄청나게 늘어나면, 원래는 대기 중에 있던 이산화탄소를 흡수해서 지구 전체의 균형을 유지해주던 바다도 포화상태가 되어 그 기능을 하지 못하게 되어요. 그래서 대기 중에 이산화탄소의 양은 더 많이 늘어나게 되겠죠. 지구는 햇빛을 밖으로 내보내지 못해서 점점 더워지게 되고, 기온이 상승하면서 영구동토층에 얼어있던 메테인이 녹기 시작해요. 그리고 그 메테인은 다시 대기 중으로 들어가 상황을 더 악화시키게 돼요. 기온이 더 올라가게 되고, 지구는 수증기로 가득 차게 되죠. 수증기는 이산화탄소보다 더 강한 온실 기체잖아요. 게다가 북극과 남극 지역의 빙하가 대규모로 녹아내리면 대서양의 연직 방향으로 순환하던 바닷물의 순환 속도가 서서히 느려지게 되고 또 이것은 부근 지역의 강수량에 영향을 주게 되고…… 우리가 예측하기 힘든 여러 가지 복잡한 연결고리가 작동하기 시작하는 거예요.

## 지구가
## 정신없이 널뛰기를 하는 느낌이네요.

온도가 높아질수록 지구 환경은 더 극단적으로 변하게 될 거예요. 한쪽에서는 극도의 가뭄을, 한쪽에서는 극도의 홍수를 걱정해야 하는 시대가 될 거예요. 가뭄을 겪은 곳에서 다시 홍수를 경험하는 시대가 될 수도 있어요. 여름에는 기록적인 폭염에 시달리고, 겨울에는 강추위에 떨게 될 수도 있어요. 2022년 2월 미국 서부 지역에 1200년만에 최악의 가뭄이 계속되고 있다는 소식이 들려 왔어요. 지구 온난화가 만들어 낸 가뭄, 폭염, 산불은 세쌍둥이처럼 함께 얽혀 기록적인 기상 현상을 만들어 내고 있어요.

기온이 올라갈 수록 전 지구적으로 극단적인 기상현상이 더 빈번해질 것이라고 예측하고 있어요.

지구 생활자를 위한 핵, 바이러스, 탄소 이야기

04

# 탄소 공화국에 오신 것을 환영합니다

이산화탄소가 지구온난화를 일으킨다고 해서

위험하거나 나쁜 것만은 아니랍니다.

이산화탄소를 이루는 원소 중 탄소는

지구의 모든 것들이 살아가는 데 꼭 필요한 것이거든요.

400ppm 시대, 이산화탄소가

어떻게 우리의 생활을 위협하게 되었는지 알아보기 전에

먼저 탄소가 무엇인지 알아봅시다.

## 우리 몸에는 탄소가 얼마나 있나요?

옆집에 사는 남학생을 잠시 살펴볼까요? 몸무게 대략 70kg, 훤칠한 키에 저지바지의 무릎이 튀어나온 것을 신경 쓰지 않고 마트에 오는 쿨한 성격, 이 남학생의 몸을 구성하는 물질은 무엇일까요?

가장 많은 건 '물'이랍니다. 인간의 몸을 구성하는 물은 대략 35ℓ 정도예요. 다음으로 탄소가 20kg 정도 들어 있죠. 나머지는 대략 올망졸망하게 암모니아, 석회, 인, 염분, 철, 규소, 플루오린 등으로 되어 있고요. 우리는 탄소를 섭취해 몸의 골격을 만들고, 에너지를 얻고, 우리를 우리답게 하는 정체성을 만들기도 합니다.

## 우리를 우리답게 하는 정체성이란,
## DNA 속에 있는 유전물질을 말하는 거죠?

맞아요. 유전물질인 DNA도 탄소로 만들어졌어요. DNA와 RNA의 기본은 탄소가 5개 붙어 있어 5탄당이라는 탄소화합물이에요. 이 탄소화합물에 아데닌, 티민, 시토신, 구아민 4종류의 염기가 번갈아 짝을 지어 긴 가닥을 만드는데 이것이 DNA입니다. 우리 몸에서는 2개의 DNA 가닥이 서로 얽혀있지요.

우리 몸에 있는 탄소화합물은 이뿐만 아니랍니다. 우리 몸을 이루는 에너지원인 단백질, 지방, 탄수화물도 모두 탄소화합물입니다. 그런데 그거 알아요? 양으로만 따지면, 실은 지구상에 탄소는 그리 많지 않답니다. 10위 안에도 못 들어가요.

## 양이 적은데 어떻게 탄소가
## 세상에 가장 많은 부분에 존재한다는 거죠?

비록 양이 적지만 다른 원소들과 결합해 다양한 화합물의 모습으로 존재하기 때문이죠. 탄소는 다른 원소들이랑 잘 결합할 수 있는 최적의 조건을 갖고 있거든요. 탄소는 무려 손이 4개나 되거든요. 다양한 다른 원소들과 여러 가지 화합물을 사이좋게 만들어낼 수 있습니다.

## 손을 4개나 갖고 있는 건 탄소뿐이에요?

아니에요. 규소도 그래요. 하지만 안타깝게도 규소는 탄소보다 몸집이 커서 다양하게 결합하거나 유연하게 변하질 못해요. 탄소야말로 결합도, 분해도 쉬운 원소이죠.

유전학자들은 탄소를 벨크로 테이프에 비유하기도 해요. 신발이나 옷을 쉽게 신고 벗고 하기 위해 붙였다 뗐다 하는 찍찍이 알죠? 그게 벨크로 테이프예요. 탄소가 벨크로 테이프에 비유되는 까닭은 쉽게 떼었다 붙였다 할 수 있는 특성 때문이에요. 화학자들은 레고 블럭으로 비유하기도 해요. 다양한 화합물로 결합하기도 하고, 길게 연결된 생체분자를 만들기도 하고, 또 분해되어 다시 돌아오기도 하니까요. 탄소는 여러 가지 물질들과 쉽고 다양한 모습으로 결합할 수 있어서 세상에서 가장 많은 모습으로, 세상에서 가장 여러 군데에 존재하는 물질이 되었답니다.

그뿐이 아니랍니다. 집을 지을 때 쓰는 목재와 시멘트도 탄소가 기본을 이루고 있지요. 비닐봉투를 만들어내는 폴리염화비닐도 탄소 2개에 수소와 염소가 결합되어 있는 물질이고요.

## 탄소로 비닐봉지까지 만든다고요?

플라스틱 생수통, 비닐봉투 등이 모두 탄소로 만들어졌답니다. 탄소는 이제 문명의 삶을 상징하는 것을 뛰어넘어 우리 주위를 채우고 넘쳐 바다로 흘러들어가 태평양에 거대한 쓰레기 섬을 만드는 지경까지 이르렀지요. 호모사피엔스가 직립보행을 하게 된 이유가 여유 있는 손으로 생수통을 들고 다닐 수 있기 위해서라는 생각이 들 정도로 우리는 생수통이나 비닐봉지를 끼고 살고 있어요.

석유를 휘발유나 디젤유 등으로 분류할 때처럼 끓는점 차이를 이용해서 분리하면 나프타라는 탄화수소 혼합물을 얻을 수 있어요. 이 나프타를 다시 분해하면 플라스틱의 원료가 되는 다양한 탄소화합물이 나온답니다. 플라스틱은 생수통과 비닐봉지 등을 만들 때 흔히 쓰는 재료이지요. 플라스틱은 탄소화합물들을 분자 단위에서 여러 개 길게 합해서 만드는 폴리머(중합체)랍니다. 그러니까 생수통도 탄소를 기본으로 하는 긴 사슬 모양의 분자지요. 뿐만 아니라 자동차를 달리게 하고 비행기를 날게 하는 석유도 대표적인 탄소화합물이지요. 석유가 연료의 무대에 주인공이 되기 이전에 올드 스타였던 석탄도 그렇고요. 석탄 이전의 연료였던 나무도 마찬가지랍니다. 지질시대의 어느 한 시점에서 땅이 갈라지고 움직이면서 거대한 나무와 같은 식물들을 호수의 바닥이나 땅속에 묻어버렸는데, 이렇게 묻힌 나무들이 오랜 시간 눌리면서 만들어진 것이니 대부분이 탄소로 이루어진 것이겠지요.

**우리 주위는**
**모두 탄소로 된 물건들이 가득하네요.**

식탁 위에 올라와 있는 다양한 먹거리도 마찬가지예요. 햄버거 빵을 만드는 밀가루는 탄수화물로 C(탄소), H(수소), O(산소)로 되어 있고요, 고기 패티를 이루는 것은 단백질로 C, H, O 외에 N(질소)를 가진 화합물이고, 샐러드와 토마토도, 그리고 마요네즈를 만드는 계란노른자와 식물성 기름의 지방도 C와 H의 화합물이랍니다. 우리가 입고 있는 옷도 대부분은 합성섬유로 생수통과 마찬가지로 나프타가 기본이 된 섬유로 만들어졌고, 천연섬유인 면, 마, 견도 그래요. 우리는 아침부터 잠자리에 들 때까지 탄소가 기반이 되는 사회에서 탄소를 먹고 마시고 입고 또 배설하면서 살고 있는 탄소공화국의 성실한 탄소 시민인 셈이에요.

# 05

# 탄소의
## 순환

탄소는 여러 가지 다른 모습으로 지구에 존재합니다.

하늘과 땅, 바다, 동식물들의 세포에 존재하고 있지요.

탄소는 그 상태로만 머물지 않고,

다양한 모습으로 변신하고 순환하고 지낸답니다.

탄소는 어떻게 모습을 바꾸며 여기저기에 존재하게 된 걸까요?

탄소의 탄생에서부터 지구에서 순환하기까지

함께 탄소를 따라가 볼까요?

## 탄소는 언제 생겼어요?

우주의 탄생과 함께 만들어졌다고 해요. 그래서 탄소의 탄생을 이야기하려면 별에 대한 이야기부터 시작해야 해요.

## 그럼 별은 언제 생긴 거예요?

과학자들은 대폭발, 그러니까 137억 년 전쯤 우주가 모든 물질과 모든 에너지가 모여 있는 한 점에서 '빵!' 하고 터져 나오면서 훗날 별이 만들어질 수 있었던 최초의 입자가 탄생했다고 말해요.

## 대폭발이요?

흔히 빅뱅이라고 부르죠. 허블이라는 과학자가 우주는 멈춰 있는 것이 아니라 팽창하고 있다는 사실을 발견하게 됩니다. 별빛을 빨주노초파남보의 무지개빛 스펙트럼으로 만들어 분석했더니 거의 모든 별들의 스펙트럼이 붉은색 쪽에 치우쳐 있다는 걸 보고 별이 서로가 서로에게서 멀어지고 있다는 것을 알게 되었지요. 하지만 팽창을 한다는 증거가 우주가 한 점에서 시작했다는 증거는 아니었죠. 이후 우주배경복사를 발견하게 되면서 한 점에서 출발하여 팽창하고 있다는 빅뱅우주론이 받아들여지고 있어요.

## 끝도 없는 큰 우주가 어떻게 한 점에서 시작될 수 있어요?

글쎄요. 아직 과학자들은 왜, 어떻게 우주가 한 점에서 튀어나오게 되었는지 정확하게 밝히지 못하고 있어요. 우주가 어떻게 한 점에서 시작됐는지, 우주는 어떤 모양으로 생겼는지는 계속 탐구해야 할 과제랍니다.

우주의 탄생 이후 팽창하며 식어가던 중 약 1억 년의 시간이 흐른 뒤, 우연히 다른 곳보다 아주 조금, 그러니까 약 10만 분의 1 정도 밀도가 높았던 곳에서 수소가 뭉치기 시작했어요. 그리고 드디어 수소들의 핵융합으로 별이 태어나게 돼요. 별의 탄생은 외롭던 우주에 다양한 색채를 더해 주었지요. 핵융합이 계속되면서 수소와 헬륨이 아닌, 좀 더 무거운 원소가 만들어지기 시작해요. 마법사가 검은 모자 속에 장미꽃을 넣었다가 갑자기 흰 토끼를 툭 꺼내듯이 말이죠. 처음에는 수소가 핵융합을 통해 헬륨이 되었고, 다시 어마어마한 압력과 온도 속에 헬륨이 핵융합을 하여 탄소가 만들어졌죠.

## 탄소는
## 핵융합으로 만들어졌군요.

맞아요. 탄소는 별들이 핵융합을 하면서 만들어진 것이랍니다. 탄소가 태어나는 과정은 부딪치고 깨지고 합쳐지고 눌려지는 고난의 연속이었죠. 탄소는 그 과정에서 다른 원소들과 결합할 수 있는 4개의 팔을 갖게 되었고, 그 덕분에 지구상에서 가장 많이, 다양한 모습으로 존재하게 되었답니다.

## 탄소는 어떻게 이곳저곳
## 없는 곳 없이 퍼지게 되었을까요?

그 답은 '탄소의 순환'에서 찾아야 할 듯해요. 원래 탄소가 있던 곳은 땅속이었어요. 별의 잔해가 뭉쳐지면서 행성 안에는 탄소가 섞이게 되었을 거예요. 그러다 어느 날, 지구의 땅속 깊은 곳으로 밀려들어가기도 했을 거예요.

## 어쩌다
## 지구 속으로 들어갔어요?

땅은 늘 움직이고 있기 때문이랍니다. 워낙 움직이는 게 느리니까 사람들이 눈치채지 못할 뿐이지요. 지구는 지각을 심장으로 끌고 들어가 녹여버리기도 하고, 어린 땅을 탄생시키기도 해요. 지구의 심장은 땅을 녹일 정도로 뜨겁답니다. 지구의 내부가 뜨거운 것도 지구의 태생 자체가 셀 수 없이 많은 미행성과 운석 조각이 충돌하면서 생긴 행성이라 그래요. 그때 생긴 열이 지구 속에 갇혀서 오도가도 못하게 되면서 뜨거워진 것이랍니다. 물론 그 옆에서 붕괴되면서 열을 뿜어대는 방사성 원소들도 한몫을 하고 있어요. 어쨌든 그 과정에서 차갑고 딱딱한 암석 속에 있던 탄소는 뜨겁게 달궈진 액체 상태의 마그마 속으로 들어가게 된답니다.

## 그러면 탄소는
## 어떻게 땅 밖으로 나올 수 있었을까요?

지구 내부에서는 마그마가 걸쭉해져서 요동치고 있는 곳이 있어요. 이 걸쭉한 마그마는 액체상태라 밀도가 작은 탓에 자꾸 위로 틈을 비집고 올라갑니다. 그러다 압력이 충분히 높아지면 '우르르 쾅'하고 지표 밖으로 모습을 드러냅니다. 바로 화산 분출입니다. 이때 화산가스들이 분출되지요. 탄소가 다시 이산화탄소가 되어 세상 밖으로 튀어나오는 순간입니다. 이산화탄소는 하늘에서 흔들리고 쓸리고 올라가고 다시 내려가기를 반복하면서 대기의 흐름에 따라 몸을 맡겨 떠다니게 되지요.

그런데 이산화탄소를 흔들어 놓는 묘한 힘이 있었답니다. 그건 바로, 지구에서 내보내는 적당히 힘이 빠진 에너지, 즉 적외선이죠. 이산화탄소는 태양의 강한 자외선에는 반응을 하지 않지만, 지구가 내보내는 적외선을 받으면 진동을 합니다. 가운데 있는 탄소를 중심으로 양쪽에 산소들이 붙어 있는 구조 탓에 양쪽에 붙은 산소들을 잡고 서로 당기고 흔들고 몸을 구부리고 접고 하면서 한참을 뒤틀다보면, 참지 못하고 에너지를 뱉어내게 되곤 합니다. 이산화탄소로 둘러싸인 지구가 담요를 덮은 것처럼 따뜻한 이유도 이것 때문이지요. 지구가 생물들이 살기 적당하게 좋은 따뜻한 온도를 유지하는 것도 바로 이러한 이산화탄소 덕분이에요.

## 이산화탄소는
## 대기에만 머무나요?

자유롭게 배회하던 이산화탄소들 중 일부는 땅으로 내려와 녹색식물 속으로 들어가기도 하지요. 그게 바로 광합성이고, 생명의 긴 먹이사슬의 첫 시작인 셈입니다. 하늘에 있던 이산화탄소가 땅 위에서 탄수화물을 생산하는 역할을 하게 된 것이죠.

## 탄수화물은
## 우리가 먹는 밥의 성분 아닌가요?

탄수화물은 식물들이나 동물들의 생체를 구성하거나 에너지를 저장하는 데 없어서는 안 되는 존재랍니다. 인간이나 다른 동물들은 탄수화물이 들어 있는 식물을 직접 섭취합니다. 하지만 식물들은 탄수화물을 직접 만들어야 한답니다. 그 과정이 광합성이랍니다. 식물이나 다른 광합성 생물들은 이 방식으로 탄수화물을 얻어 자기 몸을 만들거나 에너지의 형태로 저장합니다. 광합성은 탄소가 생체 내로 끌려들어가 고정되는 과정이지요. 이 과정은 '무에서 유를 창조하는 신의 손길을 닮은 마술'과도 같답니다. 그 창조의 과정은 매우 정교하고 정확하며 한 치의 오차도 없습니다.

우선 녹색 외투 안에 있던 엽록소에는 햇빛을 감지하는 안테나가 발달해 있지요. 엽록소 분자는 따뜻한 햇볕을 감지하면 전자를 하나 툭 꺼내 놓지요. 전자는 마치 소풍을 앞두고 들뜬 어린아이마냥 흥분해 있답니다. 이 녀석은 이산화탄소를 탄수화물로 만드는 데 필요한, 일종의 배터리인 ATP와 $NADPH_2$를 생산하지요. 물론 전자 혼자서 하는 일은 아니랍니다. 녹색식물의 몸속을 흐르던 물도 이 과정을 옆에서 거들게 됩니다. 어쨌든 이산화탄소는 ATP와 $NADPH_2$의 도움을 받아 탄소 여러 개를 주렁주렁 붙인 탄수화물로 변하게 됩니다.

맨 처음 전자가 빠져나가 비어버린 엽록소의 빈자리는 누가 채울까요? 식물의 몸속을 흐르던 물 분자가 햇빛을 받아 나눠지면서 떨어져 나온 전자가 채우게 된답니다. 이 과정에서 물속에 있던 산소가 대기로 빠져 나가게 됩니다. 덕분에 공기 중에는 신선한 산소가 공급되겠죠.

이런 일은 계절의 변화에 영향을 받기 때문에 녹색식물이 열심히 광합성을 하며 번성하는 계절에는 대기 중에 이산화탄소의 양이 줄어들지만, 태양의 고도가 낮아지고 빛이 서서히 약해지면서 식물들이 모두 사라지는 계절에는 대기 중 이산화탄소의 양은 상대적으로 늘어나게 됩니다.

**광합성은 하늘에서 떠도는 탄소가
생물체 몸속에 저장되는 첫 순간인 셈이네요.**

맞아요. 이 순간이 지나면 본격적으로 육지 생태계에 탄소가 전달되며 탄소의 순환은 계속 이어진답니다. 동물들은 탄수화물을 섭취하여 에너지를 얻고, 다시 호흡을 하며 공기 중에 이산화탄소를 방출합니다. 방출된 이산화탄소는 다시 식물의 광합성 재료가 되고, 이 과정이 끊임없이 반복됩니다. 먹고 먹히는 먹이사슬의 연속이랍니다. 먹고 먹힌다고 해서 딱히 비극적인 '살인의 추억'을 상상하지는 않아도 돼요. 먹이사슬을 기반으로 하는 생태계는 서로 상호작용을 하며 상부상조하는 관계거든요. 각각 개별적인 존재이지만 넓게 확대해서 보면 하나의 거대한 시스템으로 결합되어 있는 셈이지요. 지구에 존재하는 가장 현명하고 가장 거대한 시스템인 생태계지요. 우리가 몸 안에서 일어나는 상호작용을 '비극적인 먹이사슬'이라고 말하지 않듯이 생태계 또한 하나의 상호작용을 하며 조화와 균형을 이루는 거대하고 아름다운 지구 생활자인 셈이랍니다.

## 탄소가
## 바닷속으로 가기도 하나요?

이산화탄소가 바다로 가는 방법은 여러 가지가 있어요.

첫째, 광합성을 통해 식물에 저장되는 방법이 있어요. 광합성은 육지에서만 일어나는 게 아니거든요. 녹색의 엽록소와 이산화탄소, 그리고 햇빛이 비치는 곳이라면 어디서나 이산화탄소의 대변화와 그로 인한 창조의 과정이 끊이지 않고 일어난답니다. 그곳이 바다라 하더라도 말이죠.

둘째, 바다 자체에 퐁당 빠져 버리기도 해요. 이산화탄소는 물과 만나면 탄산이 되기도 하거든요. 사이다를 먹을 때 톡 쏘는 맛을 느끼게 하는 게 바로 탄산이지요. 바닷물의 온도가 낮을수록 이산화탄소는 더 잘 녹습니다. 반대인 경우도 있어요. 날이 더워지면 바닷물 속에 녹아 있던 탄산이 이산화탄소로 밖으로 튀어나오기도 하지요.

셋째, 이산화탄소가 비에 녹아 바다에 떨어져 저장되기도 합니다. 하늘에 떠다니던 이산화탄소가 빗방울에 흡수되면 빗방울은 약한 산성을 띠게 되는데 이게 땅에 가장 흔하디 흔한 규산염 암의 칼슘 이온과 마그네슘 이온과 함께 쓸려 계곡을 타고 강으로, 바다로 흘러가게 된답니다. 물이 흡수할 수 있는 양보다 수십 배나 많은 칼슘이 쌓이면 칼슘 이온과 탄산 이온이 반응하여 탄산칼슘을 만들게 됩니다. 탄산칼슘은 단단한 껍질이 필요한 바다 생물의 껍질이 되었다 지각에 쌓이기도 하고, 탄산칼슘이 바다의 바닥으로 가라 앉아 석회암이 되기도 하지요. 아마 언젠가는 이 석회암 속의 탄소도 다시 바다 위로 솟아올라 지구를 여행하면서 순환하게 되겠지요.

### 순환하는 탄소 덕에 대기 중 이산화탄소가 지나치게 많아지지 않는 거군요.

맞아요. 하늘을 포근하게 감싸던 이산화탄소가 지구를 지나치

지구 생활자를 위한 핵, 바이러스, 탄소 이야기

게 뜨겁게 데우지 않았던 이유는, 어느 시점이 되면 이산화탄소들이 바다와 땅속으로 끌려들어갔기 때문이었습니다. 지구 스스로 온도를 성공적으로 조절해 왔기 때문이죠. 이 탄소의 순환은 몇 시간에서부터 수천만 년까지의 여러 시간대를 넘나들며 지구 생활자들 사이를 물리, 화학, 생물학적 원인으로 순환하고 있었어요. 생명의 기본이 되기도 하고, 문명의 기초가 되기도 하면서 말이죠. 지구가 탄생한 이래 새로 생기거나 없어지지도 않은 채, 그저 지구와 조화를 깨지 않으며 자신의 속도를 유지하고 있었죠.

# 06

# 탄소의
## 폭주

탄소는 수억 년 동안

다양한 형태로 모습을 바꾸며 순환하기를 반복해 왔어요.

그것은 대체로 느리고 고요했으나

때로는 격정적이며 짧은 찰나의 순간이기도 했죠.

그런데 탄소 생명체 중 가장 진화된 형태라고 할 수 있는 인간들이

문명 발달의 속도에 경쟁을 붙이면서부터

아름다운 균형에 금이 가기 시작했지요.

## 어쩌다 이산화탄소는
## 온갖 기상이변을 야기하는
## 골칫덩어리가 되었을까요?

200년 전, 인류에게 극적인 사건이 하나 일어납니다. 바로 산업혁명이랍니다. 대규모 공장이 세워지고, 도시로 사람들이 몰려왔어요. 그때부터였지요. 공장을 돌리기 위해 석탄과 석유가 펑펑 쓰이고 연료와 옷과 음식을 만들기 위해 석유를 뽑아내기 시작한 것이. 정말 역사적인 사건이었지요. 인간이 만들어내는 속도보다 더 빠르게, 인간이 큰 힘을 들이지 않았는데도 생산양이 늘기 시작했으니까요. 전에 없이 세상은 반짝이고 빨라졌습니다. 그런데 이와 함께 스스로 균형을 맞추며 때로는 빠르게, 때로는 죽은 듯이 아주 느리게 움직이며 지구 시스템 안을 순환하던 이산화탄소가 극적으로 대기 중에 마구 뿜어 나오기 시작한 것이죠. 그 극적인 사건이 있은 후 약 200년이 지난 오늘날, 이산화탄소는 350억 톤 가량이 매년 대기 중으로 뿜어져 나오게 되었어요. 이로 인해 오늘날 대기 중 이산화탄소 양이 지나치게 많아진 것이죠.

## 한번 생긴 이산화탄소는
## 쉽게 없어지지 않나요?

보통 평균적으로 대기 중에 풀려난 이산화탄소 분자는 150년에서 200년간 그 상태를 유지하며 대기 중을 떠돈다고 해요. 이 말은 곧, 우리가 지금 어떤 행동을 한다고 해도 우리에게 주어진 운명을 약 150년 이상은 그대로 받아들여야만 한다는 이야기랍니다. 정확히 말하면 우리가 아니라 우리의 자손들이 말이에요.

## 탄소가 모두 대기 중으로 가게 되면
## 어떤 일이 생겨요?

물론 그럴 일은 없어요. 그래도 상상을 해보자면 아마 금성을 상상해 보면 될 거예요. 대기가 이산화탄소로 가득 차서, 대기의 압력은 모든 것을 찌그러트릴 만큼 쎈 100기압이 될 테고, 혹독한 온실효과가 생겨 온도가 올라가겠지요. 여태까지 지구가 사람이 살 만한 환경이었던 건 억세게 운이 좋아서였답니다. 태양으로부터 적당한 거리에 떨어져 있었던 덕분에 물이 존재할 수 있었고, 그로 인해 풍화작용과 생물작용 등이 활발하게 일어났고, 그 덕분에 대기에 있던 많은 양의 이산화탄소가 지각으로 들어가게 된 거죠. 그런데 역사적인 산업혁명이 일어나고 합성 비료가 생산되어 인구가 증가하면서 탄소가 대기 중으로 다시 돌아오는 속도가 너무 빨라졌어요. 200년 전에는 대기 중에 280ppm이었던 이산화탄소의 농도가 겨우 200년 만에 400ppm을 웃돌게 되었으니. 눈이 돌아갈 정도의 속도인 셈이죠.

**순환의 시스템이 깨진 셈이네요.**

이 문제를 어떻게 해결해야 할까요? 우리는 탄소가 일탈하는 시대에 살고 있어요. 탄소는 안정적으로 고요히 질서 있게, 하지만 변화무쌍하게 이루어지고 있던 순환의 벨트에서 튀어나와 불안한 폭주족처럼 세상을 질주하고 있어요. 태곳적부터 내려오던 순환이라는 자연스러운 질서를 깨고 말이지요. 하지만 멈춰야 할 주체는 폭주족 탄소가 아니라 폭주족을 만들어낸 우리가 아닐까요? 문명 발달의 속도와 방향을 점검해야 하지 않을까요? 지구온난화로 인한 기후변화가 탄소 탓이 아니라 탄소의 순환에 끼어든 우리 탓이니 그 해결도 우리가 하는 게 맞지 않을까요? 탄소의 오늘 이후의 여행기가 어떻게 쓰이고 완성될지는 우리 손에 달린 게 아닐까요?

# 07

# 해법은
## 없을까?

문제의 답을 알고 있는 것은

참 다행한 일이겠죠.

기후 위기를 막으려면 멈추면 됩니다.

탄소 배출을 당장이라도 멈추면 됩니다.

이렇게 분명한 답을 알고 있지만……

## 과학 기술로
## 기후 위기를 해결할 수는 없을까요?

과학기술로 기후 위기를 해결해야 합니다. 하지만 과학기술만으로 해결할 수는 없어요. 가장 중요한 것은 탄소를 당장 끊는 거예요. 콜라나 게임을 끊듯이 우리 사회가 지나치게 의존하고 있는 화석연료를 끊어야 합니다. 이산화탄소를 배출하지 않는 태양과 바람으로 에너지 전환을 이루어내야죠. 재생에너지로 에너지 전환을 이루어내기 위해서는 바람이 불지 않을 때, 태양이 비추지 않을 때에 대한 문제를 과학기술로 해결해야 합니다. 수소를 생산해서 저장해 둔다거나, 대용량의 배터리를 만들어 전력을 저장한다거나 하는 문제를 해결해야 합니다. 거대한 풍력발전소가 만들어내는 소음 문제도 해결해야 합니다. 철새들이 이동을 하다 풍력발전소의 터빈 때문에 피해를 입지 않도록 연구를 해야겠죠. 이산화탄소를 많이 배출하는 시멘트나 철강산업에 대한 대안도 과학기술로 해결해야 하고, 막대한 연료를 소비하는 항공기 운항의 대체 연료로 개발해야 해요. 또, 그렇게 해도 어쩔 수 없이 배출되는 이산화탄소는 대기 중으로 빠져나가지 않도록 탄소포집기술을 개발해서 안정적으로 매립할 수 있도록 연구해야 해요.


## 지구 공학 기술로 해결할 수도 있다던데요?

지구 공학 기술이란 지구 전체를 대상으로 공학 기술을 실행하는 것을 말해요. 예를 들어 성층권에 화산이 분출했을 때처럼 이산화황 입자를 뿌려서 인공적으로 태양복사 에너지를 흩어버리자는 '인공 화산 분출' 아이디어도 있어요. 또, 바닷물을 끌어 올려서 분무기로 뿜어내듯이 대기 중으로 뿜어내는 기술도 있어요. 소금을 머금은 물방울이 구름을 만드는 구름 씨앗의 역할을 해서 구름을 만들어 태양복사 에너지를 차단한다는 아이디어도 있지요. 또, 인공위성에 펼쳐지는 은박지 막을 실어서 우주의 궤도에 뿌려서 아예 지구에 선글라스를 씌우는 듯한 효과를 내자는 공학 기술도 있어요. 또, 배출한 이산화탄소를 보다 효과적으로 흡수하는 장치를 개발하거나 포집하여 매립하는 기술을 연구하고도 있어요.

**와, 지구 공학 기술 재미있어요.**

**그럴듯한데요.**

이미 실행하고 있는 기술들도 있어요. 그런데 한 가지 명심해야 할 것이 있어요. 과학 기술이 만능 해결사가 아니라는 것입니다.

오존층이 파괴되고 구멍이 뚫리자 몬트리올 의정서를 맺어 전 지구적으로 대응하여 간신히 위기를 모면한 일이 있어요. 물론 아직도 열심히 노력해야 하지만 오존층을 파괴하는 물질인 CFC 가스나 유사한 가스를 더 이상 생산, 사용하지 않기로 했지요. 그런데 이 CFC라고 불리는 일명 프레온 가스가 과학기술의 힘의 빌

지구 생활자를 위한 핵, 바이러스, 탄소 이야기

려 세상에 처음 등장했을 때 얼마나 많은 환호와 박수를 받았는지 아세요? 이 프레온 가스를 인공적으로 실험실에서 합성해낸 뛰어난 화학자 미즐리 박사는 이 가스가 인체에 해가 없고 안정적이라는 것을 보여주기 위해 직접 들이마신 후, 촛불에 대고 뱉어냈어요. 물론 불이 붙거나 폭발하지 않았죠. 너무나 안정적인 이 가스는 분해되지 않은 채 성층권까지 올라갔죠. 그리고 50년 뒤 성층권의 오존층을 파괴하는 물질로 얼굴을 드러냈어요. 50년 전 미즐리 박사가 박수 속에서 기체를 촛불에 뱉어낼 때 누가 이런 일을 짐작할 수 있었겠어요?

지구 공학 기술의 가장 커다란 약점은 지구를 대상으로 행해지는 공학 기술이라는 거예요. 지구는 하나뿐이에요. 또 우리는 지구 시스템이 어떻게 작동하는지 완벽하게 이해하고 있지 못해요. 그래서 기술이 행해졌을 때 예상하지 못했던 의외의 피드백이 작동할 수도 있고, 그 결과가 회복 불가능할 수도 있다는 것이죠. 그래서 과학 기술이 만능 해결사가 아니라는 점을 꼭 기억해야 합니다.


### 메테인 감축 선언이 뭔가요?

2021년 기후변화협약 당사국들의 총회인 COP회의가 26번째 열렸어요. 거기에서 메테인 감축 선언이 발표되었지요. 메테인은 대기 중에 양은 적지만 지구의 온도를 올리는 역량이 100년 기준으로 이산화탄소보다 약 23배가 큰 온실 기체에요. 그런데 대기 중에 12년 정도 머물면 분해되어 사라져요. 그러니까 메테인을 감축한다면 짧은 기간 안에 효과를 볼 수 있는 온실 기체가 되겠죠. 메테인은 화석연료 중 하나인 천연가스를 생산해서 운반하는 과정에서 많이 새어 나가요. 새어 나가는 메테인 양만 줄여도 화석연료에서 나오는 메테인 양을 절반 가까이 줄일 수 있다고 해요. 그리고 또 우리가 좋아하는 소고기나 양고기 등 육류를 위해 키우는 가축에서도 많이 발생해요. 우리가 육식을 줄이면 현재 급격하게 줄여야 하는 온실 기체의 양을 줄이는데 도움이 되겠죠.

## 기후 위기를 생각하면
## 우울해져요

태평양에는 작은 섬나라들이 많이 있어요. 그 나라의 사람들은 높아지는 해수면 탓에 더 이상 국가를 유지할 수 없는 지경이 되었어요. 그래서 기후 난민이 되어 주변 국가에 이민을 신청하고 있어요. 그 나라 사람들은 정말 많이 힘들겠죠. 그런데 그 곳에 태평양 기후 전사들이 있어요. 18개 태평양 섬 국가 및 국가가 없어지는 사람들의 조직인 이들은 서로 협력하며 기후 위기를 막기 위해 노력하는 사람들의 모임이에요. 청소년들을 교육하고 캠페인 활동도 하고, 화석연료를 수출하는 거대한 배 앞을 막아서기도 하며 기후 위기의 최전선에서 행동하고 있어요. 이 태평양 기후 전사들은 '우리는 익사하지 않습니다. 우리는 싸우고 있습니다.'라는 플래카드를 높이 들고 섬나라의 위기를 알리고, 사라지는 그들의 고향을 잊지 않기 위해 행동하고 있어요.

'전사는 회복력을 가지고 있다. 전사는 그들의 공동체, 문화, 땅, 바다를 보호한다. 전사는 항상 배우고, 주변 사람들의 요구와 대의를 위해 행동한다. 전사는 비폭력적으로 적, 불의, 억압에 맞선다. 전사는 그들의 지역 문화와 전통을 존중하며 구현한다. 전사는 자신을 위해 싸울 수 없는 사람들 - 미래 세대, 동물, 식물, 그리고 환경을 위해 행동한다.'

기후 위기를 생각하면 우울하고 힘이 빠지지만, 힘을 내어야겠죠. 당장 국가가 없어지는 태평양 기후 전사들도 이렇게 힘 있게 노력하잖아요.

## 그후…

# 2017년 초판을 인쇄하고
# 그 후, 많은 일들이 있었어요.
# 휴…

2018년 지구온난화1.5도라는 특별보고서가 기후변화정부간협의체에서 발표되었죠. 2015년 〈파리협정〉에서 2도를 목표로 하되 가능한 1.5도를 넘지 않도록 한다였던 목표가 바뀌어 버렸어요. '2도여서는 안 된다. 1.5도여야 한다. 그것을 위해 2050년까지 탄소중립을 이루어야 한다.' 대기에 배출한 이산화탄소 총 배출량 중 절반 정도 숲이나 바다로 흡수되거든요. 그리고 난 나머지가 없도록 하는 것이 탄소중립, 혹은 넷 제로(Net-Zero), 순배출량 0이에요. 그 이후 기후변화와 관련한 모든 목표는 '탄소중립'이 되었어요. 그래야 1.5도를 지킬 수 있고, 1.5도를 지켜야 흔들흔들하는 여러 생태계라는 탑이 무너지지 않을 확률을 높일 수 있으니까요. 그리고 2021년 기후변화정부간협의체에서 여섯 번째 정기보고서가 발표되었죠. 이 보고서에서는 앞으로 우리가 견뎌야 할 기후 위기의 시대에 대한 시나리오를 보여 주었어요. 폭염이 얼마나 자주 생길지, 100년 뒤 기온은 몇 도가 될지. 그리고 2021년 11월 기후협약을 맺은 당사국들의 스물여섯 번째 총회가 글래스고에서 열렸어요.

초판 인쇄를 한 그 후, 길지 않은 시간 동안 우리는 기후 변화를 피부로 느끼게 되었습니다.

기후가 변했다고? 뭐, 기후가 인간 활동에 의해서 변했다고? 아니, 기후변화가 위기로 접어들었다고? 어, 100년 만에 처음 있는 기상재해들이 줄을 잇지? 어떻게 해, 폭염으로 사람들이 죽었대. 큰일 났어, 앞으로는 더 자주 더 심한 기상재해가 있을 거야.

그러니 글래스고에서 열리는 회의에 관심이 쏠렸겠죠. 희망을 걸었죠. 그래도 전 세계의 정치 9단, 10단들이 모이는 회의인데 이대로야 두겠어요.


## 오미크론 신종바이러스는 기후변화 협상장에도 있네요?

COP26 회의, 의장 알록 샤르마. 의사봉을 내려놓았다. 잠시 침묵, 숨을 고르고 고개를 숙인 채 말을 이어갔다.

"모든 대표들에게 절차가 이렇게 되어버린 것에 사과를 드립니다. 매우 유감스럽게 생각합니다. 많은 실망을 이해하지만, 여러분이 말씀하셨듯이 합의한 바를 유지하는 것도 중요합니다."

손을 얼굴로 가져갔다. 울컥하는 심정을 억누르기 위해 애쓰는 모습이었다.

티나 스테지 섬나라 마샬 군도의 환경특사가 깊이 가라앉는 목소리로 입장을 발표하였다. 한 마디 한 마디 힘을 주며 낮게 뱉어 내고 있었다.

"자랑스러운 마음으로 귀국하기를 바라고 있었는데, 희망이 어두워지는 것을 보니 매우 실망스럽습니다. 저희는 마지못해, 마지못해 수정 부분을 받아들입니다. 이번 협의안에 우리나라 사람들의 미래의 생명을 지키기 위해 필요로 하는 부분이 있어서 어쩔 수 없이 받아들인다는 점을 강조하고 싶습니다."

참가한 197개 당사국들이 모여서 만장일치로 최종합의안을 발표하였어요. 그런데 그 자리에서 의장은 눈물을 보이고, 물에 잠기고 있는 섬나라의 대표는 참담한 심정을 고스란히 드러냈어요. 아니 이 정치전문가들이 이렇게 대놓고 실망한 모습을 드러낼 정도면...... 도대체 무슨 일들이 벌어진 것일까요?

COP26 회의 기간 동안 글래스고에서 들려오는 뉴스를 들으면서 세상이 두 쪽, 세 쪽으로 쪼개지는 건 아닌가 걱정이 되었어요. 너무나 각국이 서로 다른 주장을 하고 있는 거예요. 기후 위기를 막자고 모여 놓고는 서로 자기나라의 경제적 입장만을 앞세우

지구 생활자를 위한 핵, 바이러스, 탄소 이야기

고 있었어요. '네 탓, 남 탓'으로 엄청 시끄러웠어요.

회의에서 석탄화력발전소의 단계적 폐지로 정리되던 것이 마지막 인도의 반대로 단계적 감축으로 정리가 되었어요. 메테인 감축 선언을 했는데 메테인을 가장 많이 배출하는 인도, 중국, 러시아는 빠졌어요. 기후변화로 인해 일방적인 피해를 입고 있는 최빈국을 돕기 위해 마련하기로 한 기금은 다 모아지지도 않았어요. 최빈국은 기후기금은 원조의 형태가 아니라 피해보상금으로 지급되어야 한다고 했어요. 아무런 책임도 없이 일방적으로 피해를 입고 있는데 원조로 도움을 구걸하는 것 같은 형식은 안 된다는 거예요. 1.5도를 지켜내고 기후 위기의 최악의 상황을 피하기 위해 2050년까지 전 세계가 탄소중립을 실현하기로 했는데, 인도, 중국, 러시아는 2050년까지는 불가능하다고 말했어요. 중국과 러시아는 2060년으로 버티기를 하고 게다가 인도는 2070년에 하겠다고 당당하게 선언을 했어요. 중국은 탄소배출 전 세계 1위, 미국 2위, 인도는 3위 그리고 러시아는 4위의 국가예요. 하지만 선진국들도 할 말은 없을 거예요. 인도가 이리도 당당할 수 있는 데는 현재의 기후변화의 책임은 선진 산업 국가들의 탓이 명확하기 때문이죠. 하지만 인도가 미래세대가 살아갈 내일의 지구의 기후변화를 책임질 수 있는 것도 아니잖아요. 인도의 이런 태도를 그대로 받아들이는 게 맞는지 모르겠어요. 한 단체의 연구에 의하면 현재 각국이 제시한 감축 목표를 기반으로 예측한 2100년경 기온은 2.4도가 올라갈 것이라고 해요.

코로나19로 마스크를 쓰고 산 지 3년째가 되었어요. 친구들도 한꺼번에 만나지도 못해요. 그런데 또 변이 바이러스가 생겼고, 전염력이 굉장하다고 해요. 오미크론이라고 하죠. 그런데 오미크론은 아프리카에서 발생했어요. 따지고 보면 오미크론이 생긴 데에는 우리도 원인 제공을 한 것 같아요. 급히 개발된 백신의 접종이 시작되었을 때 다들 자국 국민들을 위한 분량 챙기기에 급급했죠. 심지어 백신이 남아돌아 경품으로까지 제공되는 나라도 있었는데요. 아프리카는 백신이 없어서 접종을 꿈조차 꾸지 못하고 있었어요. 누구 하나 나서서 아프리카에 백신을 보내자고 하지 않았어요. 그러다 보니 아프리카를 중심으로 변이 바이러스가 자연스럽게 생기게 된 것 아닐까요? 위기의 순간에 공동체를 지키지 못하고 '우리'를 잊었던 거죠. 스스로 상황을 더 나쁘게 만들어 버린 꼴이 된 것 같아요. 그래서 COP26회의에서 보여준 자기 나라 챙기기에 급급한 모습은 많은 걱정을 낳게 하네요. 기후변화의 오미크론이 어디에선가 불쑥 튀어나올 것 같아서요.

**아이고, 이런.**
**여전히 좌충우돌하고 있는 것 같아요!**

딱 지금, 우리의 좌충우돌을 보여주는 비슷한 날 두 개의 뉴스 기사 제목입니다.

지구 생활자를 위한 핵, 바이러스, 탄소 이야기

— 북극 바다 얼음 상태 심상치 않다

— 온난화로 열린 북극항로, 북극 패권 경쟁도 격화

게다가 영국은 북극해의 유전개발에 착수하려고 해요. 캄보유전이에요. 얼마 안 있어 여름철에 북극바다에서는 얼음을 볼 수 없을 거라고, 또 얼음이 사라진 바다에서는 온난화가 증폭될 거라고 걱정들을 하고 있는데, 얼음이 사라진 바닷길을 누가 먼저 찜할 것인지를 두고 경쟁을 하고 있다니.

그래도 좋은 소식도 있어요. 북극바다의 캄보유전 개발에 30%의 지분을 가지고 참여했던 기업 쉘(Shell)이 캄보유전 개발을 포기한다고 공식발표를 했어요. 환경단체들의 지속적인 반대운동도 영향이 컸죠. 사업이 지연될수록 비용만 늘어나고 큰 수익을 보지 못하게 되니 포기를 끌어낼 수 있었던 거죠. 또, COP26에서도 5년마다 확인하기로 한 국가별 감축 목표 이행을 매년 확인하기로 했고, 화석연료에 지급되던 보조금도 단계적으로 중단하기로 합의했어요. 빈곤국에 기후변화로 인한 피해에 대한 기금을 2배로 늘리기로 합의도 했고, 숲의 파괴를 중단하고 숲을 되살리겠다는 선언도 있었고, 이 선언에 아마존 숲을 적극적으로 개발하고 있던 브라질도 참여를 했어요.

## 앞으로 100년 동안
### 우리는 어떻게 해야 하나요?

정부간기후변화협의체의 6차 정기보고서 중 일부가 2021년 8월에 발표되었어요. 그런데 기후변화를 아무리 잘 막아도 2040년에 1.5도 2060년까지 1.6도 2100년에 가서야 1.4도로 기온이 낮아지기 시작한다고 예측하고 있어요. 2021년은 산업화 이전과 비교하여 1.09도 정도 상승하였다고 합니다. 그런데 1.09도 상승한 2021년 여름 지구의 온도가 상승하면서, 꺼지지 않는 캘리포니아 딕시와 그리스의 산불, 160명이 넘는 사망자를 낳은 독일과 벨기에의 폭우, 1년 동안 내릴 비가 단 4일 동안 내린 중국의 허난성, 50도에 육박하는 북미의 폭염. 그러니 1.4도 상승한 2100년에 우리에게 평화가 찾아오기는 쉽지 않겠죠. 그래서 지금 더 열심히 기후에 대해 공부하고, 자기 것만을 지키겠다는 목소리들을 누르고 제대로 된 해법을 찾아내어 실현해야 하는 거예요. 그래서 0.1도라도 더 낮추어야 하는 거예요.

앞으로 100년간 우리의 목표는 1.5도를 목표로 하되, 가능한 0.1도라도 더 낮추도록 미래 시민의 권리로 제대로 된 정책이 실행되도록 노력해야 해요.

또, 위기 속에서 우리를 잃어버리지 않도록 해야 해요. 우리를 포함한 전 세계인들은 내릴 수 없는 한 배를 타고 있어요. 방법을 알고 있는데 배가 가라앉게 놓아 둘 건가요?